バンディット問題の理論とアルゴリズム

Theory and Algorithms for Bandit Problems

本多淳也
中村篤祥

講談社

■ 編者

杉山　将　博士（工学）

理化学研究所 革新知能統合研究センター センター長

東京大学大学院新領域創成科学研究科 教授

シリーズの刊行にあたって

インターネットや多種多様なセンサーから，大量のデータを容易に入手できる「ビッグデータ」の時代がやって来ました．現在，ビッグデータから新たな価値を創造するための取り組みが世界的に行われており，日本でも産学官が連携した研究開発体制が構築されつつあります．

ビッグデータの解析には，データの背後に潜む規則や知識を見つけ出す「機械学習」とよばれる知的データ処理技術が重要な働きをします．機械学習の技術は，近年のコンピュータの飛躍的な性能向上と相まって，目覚ましい速さで発展しています．そして，最先端の機械学習技術は，音声，画像，自然言語，ロボットなどの工学分野で大きな成功を収めるとともに，生物学，脳科学，医学，天文学などの基礎科学分野でも不可欠になりつつあります．

しかし，機械学習の最先端のアルゴリズムは，統計学，確率論，最適化理論，アルゴリズム論などの高度な数学を駆使して設計されているため，初学者が習得するのは極めて困難です．また，機械学習技術の応用分野は非常に多様なため，これらを俯瞰的な視点から学ぶことも難しいのが現状です．

本シリーズでは，これからデータサイエンス分野で研究を行おうとしている大学生・大学院生，および，機械学習技術を基礎科学や産業に応用しようとしている大学院生・研究者・技術者を主な対象として，ビッグデータ時代を牽引している若手・中堅の現役研究者が，発展著しい機械学習技術の数学的な基礎理論，実用的なアルゴリズム，さらには，それらの活用法を，入門的な内容から最先端の研究成果までわかりやすく解説します．

本シリーズが，読者の皆さんのデータサイエンスに対するより一層の興味を掻き立てるとともに，ビッグデータ時代を渡り歩いていくための技術獲得の一助となることを願います．

2014 年 11 月

「機械学習プロフェッショナルシリーズ」編者
杉山 将

まえがき

人生は選択の繰り返しです．何度も同じような状況に遭遇し，過去の経験に基づいて，ある道を選択します．もしあのときあの道を選択していたら……と後悔することもあるかもしれませんが，そのときその道を選択していたら，本当にもっとよい現在があったかどうかは確かではありません．どうしたら“後悔のない (without regret)”選択ができるのかは難しい問題ですが，1ついえることは「探索」と「知識利用」のバランスが重要であるということです．選択可能な道の中には，よいかどうか知らない道もあるでしょうし，逆にある程度よいことをすでに知っている道もあるでしょう．今までの知識を利用して知っている道を選択すれば悪くはない現在があるかもしれませんが，知らない道を選んでいたらもっとよい現在があったかもしれないという後悔が残ります．逆に，もっとよい道を探そうと知らない道を選択した結果，その道が知っている道よりよくないとわかり，やはり知っている道を選んでおけばよかったという後悔が残る可能性もあります．最適な選択をするためには，もっとよい道を探す「探索」と今までの経験を生かす「知識利用」のバランスをとる必要があり，まさにこれがバンディット問題の本質でもあるのです．

現代はネット社会になり，各個人の好みに合った新着ニュースや商品広告の配信が容易になりました．ここで，システムの設計者は各ユーザーに対し最もクリック率が高いニュースや広告を配信することを目指しますが，真のクリック率は未知であるため実際にはそれらの推定値を代わりに用いることになります．その際に，現在の推定クリック率が低くても配信回数が少ないものは，真のクリック率がより高い可能性があるため，配信回数が多いものに比べてより積極的に配信しユーザーの反応を観察する（探索を行う）必要があります．一方，全体のクリック数を増やすためには推定クリック率が高いニュースや広告を多く配信する（知識利用を行う）必要があります．多腕バンディット問題は，このような探索と知識利用のバランスを最適化する問題として定式化され，それらを一般化した問題を含めてバンディット問題と総称されます．

バンディット問題は新薬の治験に応用できることから，古くから研究がありましたが，近年になって上述のようにインターネット関連の応用と非常に相性がよいことから爆発的に研究が増加しました．最近ではトンプソン抽出といった優れた探索戦略（方策）の発見に伴い，基本的な設定における最適戦略についてはおおむね解決しつつあるため，現実問題により即したさまざまな設定に対しての研究が多くなされています．しかし，それでも既存研究の存在する設定が現実問題にそのまま当てはまることは必ずしも多くありません．そのため，個別の設定に対する詳細な解析よりも，その設定における方策がどのような根拠で構成されているかを理解することが，現実問題への適用や新たな定式化に対する研究においてはしばしば重要となります．

そこで本書では，詳細な理論解析や証明を与えるのは最も単純なバンディット問題の設定に対してのみにとどめ，それよりも各方策の（可能な限り定量的な）直感的理解を与えることを主目的とします．バンディット問題の現実問題への適用では，実際の状況からやや外れた設定で構成された方策を適用してしまっている事例がしばしば見られます．そこで，本書によってさまざまな状況に対する方策についての知識を身に付けるだけでなく，適用しようとしている方策が適切であるかといった見当がある程度つけられるようになることを目指します．

本書の主な対象はエンジニアおよび学生・研究者で，理解にあたっては大学学部程度の確率・統計の知識を必要とします．方策の導出にあたっては可能な限り具体的な式変形を与えますが，その性能解析の多くについては結果を紹介するのみにとどめるため，具体的な証明については引用文献を適宜参照してください．

最後に，執筆の機会を与えてくださった東京大学の杉山将先生，原稿を精読し多くのコメントをくださった九州大学の畑埜晃平先生および東京大学の小宮山純平先生に厚く御礼申し上げます．また講談社サイエンティフィクの横山真吾氏には本書の出版にあたり多方面で大変お世話になりました．ここに感謝の意を表します．

2016 年 5 月

本多淳也・中村篤祥

目 次

表記法

本書では自然数 $d \in \mathbb{N}$，実数 $x, y \in \mathbb{R}$，関数 $f, g : \mathbb{R} \to \mathbb{R}$ および集合 S に対して以下の表記法を用います．

- $\lfloor x \rfloor$, $\lceil x \rceil$: それぞれ x 以下（以上）の最大（最小）の整数．
- $x \gtrsim y$, $x \lesssim y$: それぞれ x が y より大きい（小さい）または近似的に等しい．
- $f(x) = \mathrm{O}(g(x))$, $f(x) = \mathrm{o}(g(x))$, $f(x) = \Omega(g(x))$: それぞれ $\lim_{x\to\infty} |f(x)/g(x)| < \infty$, $\lim_{x\to\infty} |f(x)/g(x)| = 0$, $\lim_{x\to\infty} |f(x)/g(x)| > 0$. ただし文脈によっては $x \to 0$ での極限．
- $f(x) = \tilde{\mathrm{O}}(g(x))$: ある $a > 0$ について $f(x) = \mathrm{O}(g(x)(\log x)^a)$.
- $f(x) \propto g(x)$: $f(x)$ が $g(x)$ に比例する．
- $X \sim P$: 確率変数 X が分布 P に従う．
- $\mathbb{P}[Z]$: 命題 Z が真である確率．
- $\mathbb{E}[X]$, $\mathbb{V}\mathrm{ar}[X]$: それぞれ確率変数 X の期待値および分散．
- I_d: $d \times d$ の単位行列．
- $a^\top$, $A^\top$: ベクトル a，行列 A の転置．
- $|S|$: S の要素数．
- log: ネイピア数 $\mathrm{e} = 2.7182\cdots$ を底とした対数関数．
- $\mathbb{1}[\cdot]$: 定義関数．すなわち

$$\mathbb{1}[Z] = \begin{cases} 0, & \text{命題 } Z \text{ が偽,} \\ 1, & \text{命題 } Z \text{ が真.} \end{cases}$$

- $\mathrm{Ber}(p)$: 確率 $p \in [0, 1]$ で値 1 を，確率 $1 - p$ で値 0 をとるベルヌーイ分布．
- $\mathcal{N}(\mu, \Sigma)$: 平均ベクトル $\mu \in \mathbb{R}^d$，共分散行列 $\Sigma^{d \times d}$ の多変量正規分布，すなわち確率密度関数

$$\frac{1}{\sqrt{(2\pi)^d |\Sigma|}} \exp\left(-\frac{(w - \mu)^\top \Sigma^{-1} (w - \mu)}{2} \right), \qquad w \in \mathbb{R}^d$$

をもつ分布．特に $\mu \in \mathbb{R}$, $\Sigma = \sigma^2 \in (0, \infty)$ に対しては 1 変量の正規分布．

Chapter 1

バンディット問題とは

バンディット問題とは何か，どのような応用があるのか，確率的設定と敵対的設定の違いは何か，方策の評価はどのように行うのか，どのような歴史を経て研究されてきたのか，どのような分野と関連しているのかについて概観します．

1.1 はじめに

あなたはスロットマシンで一儲けしようとカジノに来ているとします．アームが 1 本ずつ付いたスロットマシンが $K = 5$ 台あり，たまたま客は自分以外誰もおらず 5 つのアームのどれでも引けるものとします．1 回ごとにアームを選んで合計 100 回引く場合，各回に引くアームをあなたはどのように選択しますか．

5 つのアームのうち，あなたは当然，最も当たりやすいアームを引きたいと考えるでしょう．ところが，どのアームが当たりやすいのかに関し，はじめは何の情報もありません．そこであなたは各アームを n 回ずつ引いて，1 番当たりの多かったアームを残りの $(100 - 5n)$ 回引くことにしました．その場合，n の値はどうしたらよいでしょうか．

n の値を小さい値に設定したと仮定します．例えば各アーム 3 回ずつ引いて 1 番当たりの多かったアームを残りの 85 回引くとします．しかし，たった 3 回引いただけで 1 番当たりやすいアームを見極めることは難しく，当たりにくいアームを選んでしまった場合には残りの 85 回の儲けは少なくなっ

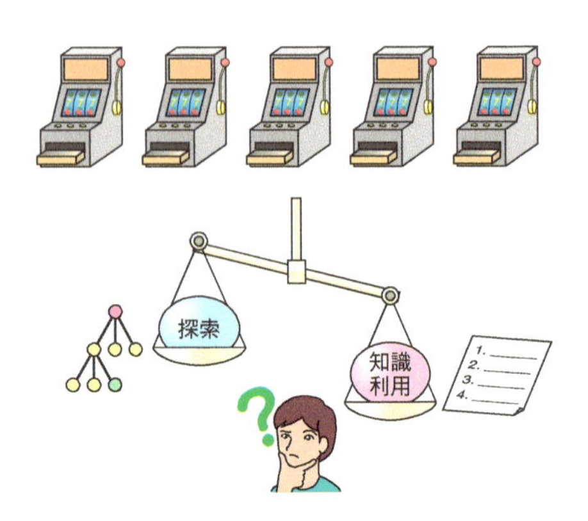

図 1.1 探索と知識利用のトレードオフ.

てしまいます．逆に n の値を大きな値に設定したと仮定しましょう．例えば各アーム 17 回ずつ引いて 1 番当たりの多いアームを残りの 15 回引くとします．今度はどのアームが 1 番当たりやすいかを見極めることができるかもしれませんが，残りたったの 15 回ではたとえ最も当たりやすいアームであっても大きな儲けを得ることはできないでしょう．

この問題では，あるアームが当たりやすいか否かという情報は，実際にそのアームを引いた結果（「当たり」または「はずれ」）のみから得られます．したがって，最も当たりやすいアームを探すためには，情報の少ない（選択数が少ない）アームを選ぶ**探索** (exploration) が必要となります．しかし，探索ばかりしていると儲けは大きくならないので，それまでに最も当たりの多かったアームを引く**知識利用** (exploitation) を行う必要もあります．この探索と知識利用のバランスをどうすればよいかという問題は，**探索と知識利用のトレードオフ** (exploration-exploitation trade-off) または探索と知識利用のジレンマとして知られています（図 **1.1**）．

バンディット問題 (bandit problem) とは，選択肢の集合から 1 つの要素を選択し，その選択肢に対する報酬を得るがほかの選択肢の報酬情報は得られない，というプロセスを繰り返す設定において，報酬和の最大化を目指す逐次決定問題です．バンディット（盗賊）という名前は，1 つのアームがついた古典的なスロットマシンをプレイヤーにお金を使わせる（お金を奪う）ことにちなんで **1 腕バンディット** (one-armed bandit) とよぶことに由来しています．このことから転じて，上で説明したような K 台のスロットマシンから 1 台のスロットマシンを選んでアームを引くことを繰り返して儲けの最大化を目指す問題を**多腕バンディット問題** (multi-armed bandit problem) とよぶようになり，それを一般化した問題をバンディット問題と総称するようになりました．以降，多腕バンディット問題に倣い，一般のバンディット問題に関しても選択肢のことをアームという言葉で表現します．また，プレイヤーがそれまでに得た報酬をもとに次に引くアームを決定する戦略のことを**方策** (policy) とよびます．

1.2 バンディット問題の例

前節の説明のようにスロットマシン選択の話を聞くとギャンブルで儲けるための方法を学ぶのかと思う人もいそうですが，実はさまざまな現実問題をバンディット問題の枠組みで捉えることができます．以下にバンディット問題の例で主なものを紹介します（図 **1.2**）．

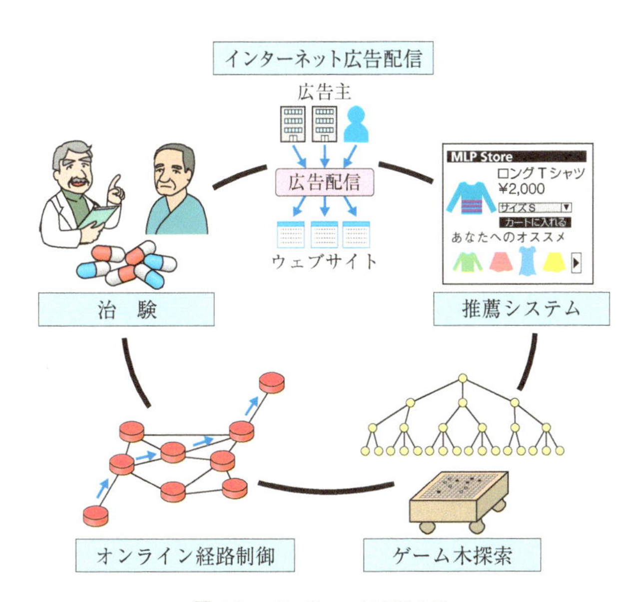

図 1.2　バンディット問題の例.

1. 治験 (clinical trial): 次々と訪れるある病気の患者に対し，K 個の治療法のどれを施すかを逐次的に決定し，治療に失敗する患者数の最小化を目指します．
2. インターネット広告配信 (internet advertising): あるウェブページまたはあるキーワードに対する検索結果のページに，K 個の広告のうちのいくつかの広告を選んで表示することを繰り返し，表示された広告のうちクリックされる広告の数（またはそれによる利益）の最大化を目指します．
3. 推薦システム (recommender system): ウェブにおけるサービスサイトにおいて，過去の購買履歴に基づいて各ユーザーの訪問時に全商品の中からいくつかの商品を推薦し，それらのうち実際に購入される商品数（またはそれによる利益）の最大化を目指します．
4. ゲーム木探索 (game tree search): ゲームにおいて次の候補手 K 通りの中から最善手を探すために，各候補手の評価値としてそこから到達し得る最終盤面のランダムサンプルの平均勝率を用いる方法を考えます．限られたサンプル数で最善に近い手を発見することを目指して，どの候補手を選んだ場合の盤面に対する最終盤面のランダムサンプルを取得するかを逐次的に決定します．
5. オンライン経路制御 (online routing): ある場所から別の場所にネットワークを介してデータを繰り返し転送する場合，いくつかあるルートのうちの 1 つのルートを決定し，データ遅延累積の最小化を目指します．

1.3 確率的バンディットと敵対的バンディット

バンディット問題は大きく分けて，各アームからの報酬が何らかの確率分布に従って生成される**確率的バンディット** (stochastic bandit) と，プレイヤーの方策を知っている敵対者が報酬を決める場合を想定する**敵対的バンディット** (adversarial bandit) の 2 つに分類できます．

敵対的バンディットでは，プレイヤーの方策を知っている神のような能力をもつ敵対者が報酬を選ぶと仮定し，その最悪の場合でもうまくいく方策を考えます．敵対者はプレイヤーのアーム選択方策を知ったうえで報酬を最小化しようとするわけですから，プレイヤーがランダム性をもたない決定的な方策を用いる場合にはプレイヤーの選択アームを敵対者は事前に知ることが可能です．したがって，その選択アームに報酬の最小値を常に設定することが可能であり，プレイヤーに勝ち目はありません．そこでプレイヤーは確率的な方策を用いるしかありません．ただし，敵対者はプレイヤーの実際の選択アームを知る前に各アームの報酬を決めるものとします．

敵対者としては，プレイヤーの過去の選択に依存せず報酬を決める**忘却型敵対者** (oblivious adversary) と，プレイヤーの過去の選択に依存して次の報酬を決める**適応型敵対者** (adaptive adversary) の 2 つの設定があり，後者がより難しい問題となります．本書では敵対的バンディットとして適応型敵対者のモデルを扱います．

敵対的バンディットで扱う報酬モデルは確率的バンディットのものを含んでいるため，報酬の確率的な構造が未知である（あるいは存在しない）場合も扱うことができるという利点があります．一方，プレイヤーがより広い報酬モデルを考慮しなければいけないため，保証可能な性能については確率的バンディットのものより悪くなります．逆に，確率的バンディットの手法は，報酬をうまく表現できる確率モデルが事前にある程度わかっている場合には大きな累積報酬を見込めることが利点となります．

1.4 プレイヤー方策の評価法

バンディット問題において，アーム i の時刻 t における報酬 $X_i(t)$ は有界な値をとるとします．時刻 t にプレイヤーが選ぶアームを $i(t)$ としたとき，プレイヤーの目標としては主に以下の 2 つの量のいずれかの最大化を目指す問題が考えられています．

1. **有限時間区間** (finite horizon) における**累積報酬** (cumulative reword)

$$\sum_{t=1}^{T} X_{i(t)}(t)$$

2. **無限時間区間** (infinite horizon) における**幾何割引** (geometric discount) された累積報酬

$$\sum_{t=1}^{\infty} \gamma^{t-1} X_{i(t)}(t)$$

最近では，有限時間区間における累積報酬で方策を評価するのが主流であり，本書でもこちらの評価を扱います．有限時間区間であっても，終了時刻 T を知らなくても動作するプレイヤーアルゴリズム（方策）はいつでも停止することができ，そのようなアルゴリズムは**常時停止可能アルゴリズム** (anytime algorithm) とよばれ，より実用向きと考えられています．

さて，プレイヤーの目的はこれらの累積報酬を最大化する方策を構成することですが，このような累積報酬の大小は，方策の良し悪しだけでなく報酬の組み合わせ $\{X_i(t)\}_{i,t}$ が全体として大きめだったかといった要素にも依存します．そこで純粋な方策のよさを評価するために，（何らかの意味で）最適な方策をとった場合の累積報酬を目標値とし，それとの差を比較するということが通常行われます．ここで到達し得る累積報酬の最大値は $\sum_{t=1}^{T} \max_{i\in\{1,\ldots,K\}} X_i(t)$ ですが，これは目標として高すぎるので，同じ選択肢を選び続けた場合の累積報酬の最大値 $\max_{i\in\{1,\ldots,K\}} \sum_{t=1}^{T} X_i(t)$ を目標とします．この目標値と，プレイヤーの累積報酬 $\sum_{t=1}^{T} X_{i(t)}(t)$ との差

$$\mathrm{Regret}(T) = \max_{i\in\{1,\ldots,K\}} \sum_{t=1}^{T} X_i(t) - \sum_{t=1}^{T} X_{i(t)}(t) \tag{1.1}$$

を**リグレット** (regret) とよび，この値の最小化を目指します．リグレットは，プレイヤーが「あの方策をとっておけばよかったのに…」という後悔 (regret) の大きさを表している値と考えられます．

各時刻 t におけるプレイヤー方策の選択 $i(t)$ も報酬 $X_i(t)$ も確率的な場合を扱うことが多いので，リグレットよりも**期待リグレット** (expected regret)

$$\mathbb{E}[\mathrm{Regret}(T)] = \mathbb{E}\left[\max_{i\in\{1,\ldots,K\}} \sum_{t=1}^{T} X_i(t) - \sum_{t=1}^{T} X_{i(t)}(t)\right], \tag{1.2}$$

さらには**擬リグレット** (pseudo-regret)

$$\overline{\mathrm{Regret}}(T) = \max_{i\in\{1,\ldots,K\}} \mathbb{E}\left[\sum_{t=1}^{T} X_i(t) - \sum_{t=1}^{T} X_{i(t)}(t)\right] \tag{1.3}$$

を用いた評価がよく行われます[*1]．ここで，擬リグレットは期待リグレット以下の値をとる，つまり

$$\overline{\mathrm{Regret}}(T) \leq \mathbb{E}[\mathrm{Regret}(T)]$$

が常に成り立ちます．なお，実際にバンディットの方策を用いるには，リグレット以外にも計算効率性や空間効率性なども考慮する必要があります．

1.5 バンディット問題の歴史

バンディット問題のように過去の観測に応じて次にサンプルを取得する対象を選択する問題は**適応的割り当て** (adaptive allocation) あるいは**逐次割り当て** (sequential allocation) といった名前で古くから多くの研究がなされてきました．平均擬リグレットの漸近的な最適性といった現代の確率的バンディットに近い概念についても 1952 年にロビンスによって導入されています（図 **1.3**）[59]．これらの研究では，病気の治験において次々と訪れる患者に対し 2 つの治療法のどちらを施すかを逐次的に決定し，治療に失敗する患者の数を最小化するといった設定が主に考えられていました．

ブラット，ジョンソン，カーリンらの 1956 年の論文では，報酬が独立なベルヌーイ分布に従うアームが 2 本あるバンディット問題で，一方の報酬に関しては母比率 p が既知であるという設定の **1 腕バンディット問題** (one-armed bandit problem) とよばれる問題において，有限時間区間の場合にベイズ最適[*2] となるようなアーム選択指標を導出しました[10]．ギッティンズとジョーンズは 1974 年の論文で，無限時間区間の幾何割引において 1 腕バンディット問題に対してベイズ最適に次に引くアームを選ぶ**ギッティンズ指標** (Gittins index) とよばれる指標を導出し，その指標を一般の多腕バンディット問題に用いてもやはりベイズ最適となることを証明しました[31]．

1980 年代から 90 年代にかけて，エージェントがとる行動に依存して報酬と次の状態が決まる**マルコフ決定過程** (Markov decision process) におい

---

*1 歴史的には，式 (1.3) は確率的バンディットの文脈でリグレットあるいは期待リグレットとよばれてきましたが，その後に敵対的バンディットの概念が提案されたために，式 (1.2) と区別するために擬リグレットという名称が導入されました．

*2 ある方策がベイズ最適であるとは，報酬分布のパラメータが何らかの分布（事前分布）に従うと仮定したもとでの期待リグレットが最小となることをいいます．

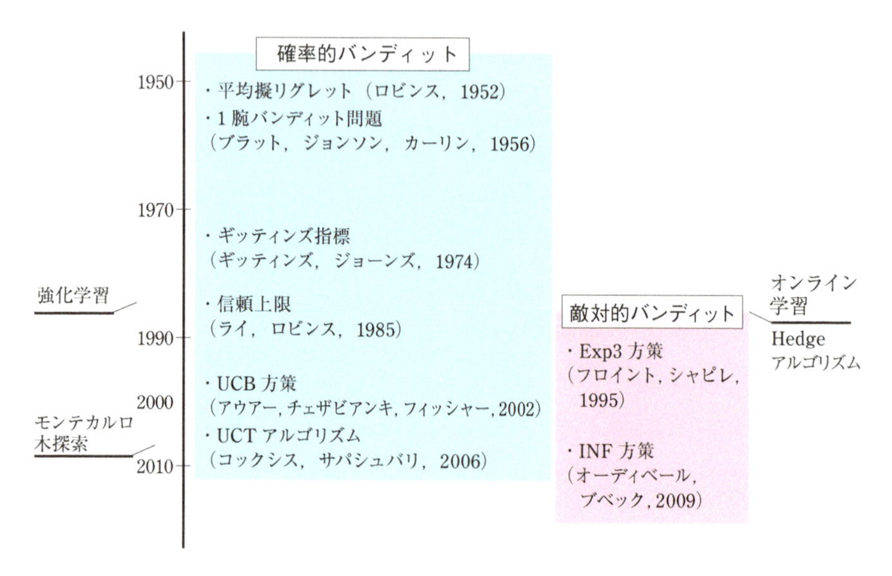

図 1.3 バンディット問題の歴史.

て状態ごとの最適行動を学習する**強化学習** (reinforcement learning) の研究でも，探索と知識利用のトレードオフを解決して無限時間区間の幾何割引された累積報酬を最大化する方策について議論が行われました．1998年に出版されたサットンとバルトの強化学習の教科書には，**ϵ-貪欲法** (ϵ-greedy) や**ソフトマックス方策** (softmax policy) を用いて **Q 学習** (Q-learning) における行動価値関数である Q 関数（状態 s における行動 a の価値を表す関数 $Q(s,a)$）を学習する方式について述べられています [63].

ライとロビンスは1985年の論文で，有限時間区間の確率的多腕バンディット問題における累積報酬の擬リグレットの下限を証明し，それを実際に達成する方策として期待報酬の**信頼上限** (upper confidence bound) をアーム選択指標として用いる方策を提案しました [48]．この方策における指標は複雑で計算が難しいものでしたが，これを計算が容易かつ広い確率分布モデルで最適となる指標に改良した方策がブルネタスとカテハキス [13] によって1996年に提案されました．

機械学習の分野においてバンディット問題の研究が盛んになった発端とし

てあげられるのがアウアー，チェザビアンキ，フィッシャーによって2002年に提案された**UCB方策** (Upper Confidence Bound policy)[6] です．これは上記の方策 [13,48] と同じく信頼上限の概念に基づくもので，ブルネタスとカテハキスの方式 *3 に比べて漸近的な性能は劣るものの，アーム選択指標がより単純かつ直感的であるため，さまざまな応用が行われるようになりました．クーロンが開発した囲碁プログラム CrazyStone[20] は，**モンテカルロ木探索** (Monte Carlo tree search) の技術を取り入れたことにより棋力が著しく向上したことで注目を浴びましたが，コックシスとサパシュバリは，そのモンテカルロ木探索においてシミュレーションを開始する盤面の選択にUCB方策を用いる**UCTアルゴリズム** (Upper Confidence bound applied to Trees algorithm) を2006年に提案し注目を集めました [44]．インターネット時代においては，推薦システムの研究が盛んに行われており，UCB方策を線形モデル上のバンディット問題に拡張した**LinUCB方策** (LinUCB policy)[50] は，推薦システムの問題点である「新しいユーザーまたは新しい商品に関してパーソナライズされた適切な推薦が行われるようになるまでには時間がかかる」という**コールドスタート問題** (cold start problem) を解決する手段として有効であることが示されています [50]．

一方，敵対的バンディット問題の研究は，アウアー，チェザビアンキ，フロイント，シャピレによる1995年の論文 [7] が始まりと考えられます．フロイントとシャピレはブースティングアルゴリズムの発案者として著名で，ブースティングにも関係ある**Hedgeアルゴリズム** (Hedge algorithm) をバンディット問題に適応させた**Exp3方策** (Exponetial-weight policy for Exploration and Exploitation policy)*4 を提案し，リグレット解析を行いました．Hedgeアルゴリズムは，K 個の選択肢の各々に対し，過去の損失に応じて確率を割り当てるアルゴリズムであり，確率を投資割合と考えれば分散投資のアルゴリズムとみることもできることからリスクヘッジ (回避) を行うアルゴリズムという意味で名付けられました．彼らは，敵対的多腕バンディット問題の累積報酬の擬リグレットの下界はアーム数 K，繰り返し回数 T に対して $\Omega(\sqrt{KT})$ であることを示しました．Exp3方策に対して示されている擬リグレットは，この下界に対して $\Theta(\sqrt{\log K})$ のギャップがあり，まだ改善

*3 これはKL-UCB方策として機械学習のコミュニティーでその後再発見されています．

*4 論文 [7] では方策 (policy) ではなくアルゴリズム (algorithm) とよばれています．

の余地がありました．そこでオーディベールとブベックは，$O(\sqrt{KT})$ の擬リグレットを達成する方策として 2009 年に **INF 方策** (Implicitly Normalized Forcaster policy) を提案しています [4]．

1.6 関連分野

データの値を予測し，直後に実際の値が知らされるというプロセスを繰り返し行う**オンライン学習** (online learning) モデルは**計算論的学習理論** (computational learning theory) の一分野であり，1990 年ごろから**エキスパート統合** (expert integration) や**アンサンブル学習** (ensemble learning) の文脈で理論的な研究が盛んに行われました．バンディット問題は，予測の結果が部分的にしか観測されないという条件のもとでのオンライン学習問題とみなすことができます．この関係性は，オンライン学習における Hedge アルゴリズムのバンディット版である Exp3 方策の提案により敵対的バンディットの研究がはじまったことからも見てとることができます．バンディット問題との対比を行う意味で，予測結果がすべて観測されるという通常のオンライン学習の設定を**全情報設定** (full information setting) とよび，それに比べて部分的な観測のみが得られる設定においてどの程度リグレットが増えるのかという研究がよく行われています．なお，オンライン学習はリグレット最小化ではなく最適化を目的としてデータを逐次処理する学習法 [70, 72] を指すこともありますが，こちらも目的は異なっても同様の手法を適用できることから密接な関係があるといえます．

また，これも前節で述べたように，バンディット問題は強化学習の一種とみなすこともできます．強化学習はロボットの行動獲得にも用いられる実用的な学習法です．Q 学習などの定式化はバンディット問題であるといっても過言ではありませんが，実問題に適用するには報酬の遅延などを扱う必要があります．

バンディット問題では，プレイヤーはアーム i を選択することにより，アーム i の情報を得ます．アーム i の報酬の期待値を $\mu(i)$ とすれば，これは関数 μ を学習するためにその定義域の点 i の関数値 $\mu(i)$ の情報を積極的に得ることであるとみなせます．関数を学習する際に，関数値に関する情報を質問

（または実験）により得て，限られた数の質問から関数をできるだけ精度よく推定する学習の枠組みを**能動学習** (active learning) とよびます．通常のバンディット問題では探索と知識利用のトレードオフを解決しなければなりませんが，能動学習では学習の結果出力される推定関数の精度で性能が評価されるため，学習過程での知識利用は不要であり探索のみが必要となります．バンディット問題においても，限られた繰り返し回数において最適なアームさえ見つければ，見つけるまでに得る累積報酬の大きさは気にしないという設定を考えることもできます．そのような設定は，**最適腕識別** (best arm identification) とよばれ研究が行われています．通常の能動学習では，学習した結果は予測性能で評価されるため定義域上の関数としての学習が必要であるのに対し，最適腕識別では最大値を与える点のみを学習すればよいという点が異なります．インターネットマーケティングでは，ウェブサイトのデザインで A と B という 2 つの選択肢のどちらがよいかを知るために，逐次的にどちらかを表示してテストする **A/B テスト** (A/B testing) が用いられることがありますが，これは最適腕識別の問題の実用例です．

1.7 本書の構成

本書の構成は図 **1.4** のように表されます．まず 2 章から 5 章では最も基本

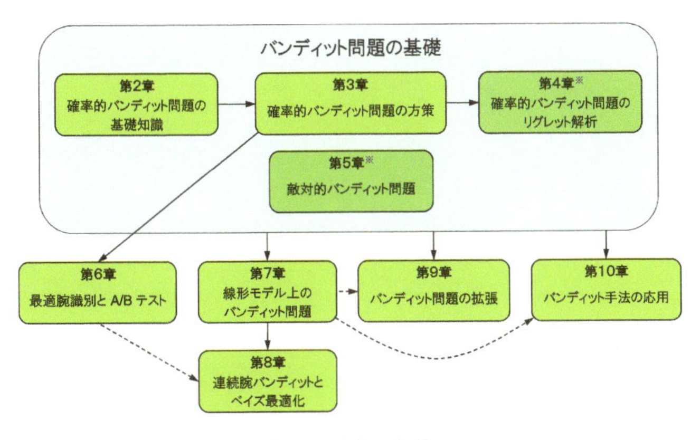

図 1.4 本書の構成．

的なバンディット問題の設定を取り扱います．2 章では確率的バンディットにおいて中心的な役割を果たす大偏差原理の考え方について紹介し，これに基づいて 3 章では効率的な方策を構成します．これらの方策の大まかな解析の枠組みについては 3 章内で説明しますが，厳密なリグレットの評価については 4 章で行います．5 章では報酬の確率的な構造が未知な（あるいは存在しない）場合にも適用できる手法として敵対的バンディットについて解説します．図中で※印のついている 4 章と 5 章はやや専門的な内容であり，これらを読み飛ばしても以降の章を読み進めることができます．

6 章からはやや発展的な内容を扱います．まず 6 章では確率的バンディットの枠組みで累積報酬の最大化ではなく期待値最大のアームの発見を目指す最適腕識別について紹介します．7 章ではバンディット問題の最も基本的な拡張として報酬の構造の線形モデルへの一般化を扱い，さらに 8 章では報酬モデルが非線形かつ無限個のアームがある状況を考える連続腕バンディットを扱います．また，異なる拡張の方向として 9 章では非定常的な確率モデルの導入あるいは観測モデルの一般化を扱います．最後に，10 章ではインターネット広告やゲーム木探索といった，より具体的な状況に対応した方策を紹介します．

Chapter 2

確率的バンディット問題の基礎知識

本章では，確率的バンディットにおいて根幹をなす理論である大偏差原理の考え方について解説し，よく知られた中心極限定理との違いについて説明します．

2.1 中心極限定理による確率近似

確率的バンディット問題において考えることになる主要な問題は，「ある広告の現在のクリック率 $\hat{\mu}$ が 5% 以下であるとき，その真のクリック率 μ が実は $\mu = 10\%$ である可能性はどれくらいか？」という形のものです．これは統計の言葉で一般的に書くと，「真のクリック率が μ であるとき，その標本平均がある $x \in [0,1]$ に対して $\hat{\mu} \le x$ となる確率（尤度）はどれくらいか？」という問題となります．

この問題を明確にするために，$X_1, X_2, \ldots$ を独立・同一分布に従う（independent and identically distributed, 以下では i.i.d. と表記します）確率変数とし，期待値 $\mu = \mathbb{E}[X_i]$ と分散 $\sigma^2 = \mathbb{V}\mathrm{ar}[X_i]$ が存在し有限であるとします．また，サンプル n 個の標本平均を $\hat{\mu}_n = \frac{1}{n}\sum_{i=1}^{n} X_i$ とします．

この標本平均 $\hat{\mu}_n$ の確率分布は，サンプル数 n が大きい場合は簡単には計算できませんが，その場合に最も一般的に用いられる近似方法が以下に述べる**中心極限定理** (central limit theorem) です．

定理 2.1（中心極限定理）

標準化された標本平均 $\frac{\sqrt{n}(\hat{\mu}_n-\mu)}{\sigma}$ の分布は標準正規分布に弱収束する，すなわち任意の $x \in \mathbb{R}$ で次が成り立つ．

$$\lim_{n\to\infty} \mathbb{P}\left[\frac{\sqrt{n}(\hat{\mu}_n-\mu)}{\sigma} \le x\right] = \Phi(x)\,.$$

ただし，$\Phi(x) = \int_{-\infty}^{x} \frac{1}{\sqrt{2\pi}} \mathrm{e}^{-\frac{t^2}{2}} \mathrm{d}t$ は標準正規分布の累積分布関数を表す．

例えば期待値 μ のベルヌーイ分布に従う確率変数の分散は $\mu(1-\mu)$ なので，この近似を用いることにより節冒頭の確率は

$$\mathbb{P}[\hat{\mu}_n \le x] \approx \Phi\left(\frac{\sqrt{n}(x-\mu)}{\sqrt{\mu(1-\mu)}}\right) \tag{2.1}$$

と表すことができます．

一方，この近似を使ったとしても，ある程度サンプル数が大きい場合に無条件で「精度のよい」推定ができるとは限りません．この定理からわかることは，例えば誤差 ϵ 以内で確率の近似をしたい場合に，ϵ から決まるサンプル数 n_ϵ 以上が確保できていれば正規分布での近似が許されるということに過ぎません．一方，真の生起確率が 0.01% である事象の確率を（絶対）誤差 $\epsilon = 1\%$ で近似したとしてもその相対誤差は 100 倍にのぼり，絶対誤差が小さいからといってこの近似の「精度」がよいとは実用上必ずしもいえません．実際，中心極限定理による近似は $\epsilon = \mathrm{O}(1/\sqrt{n})$ 程度の誤差があることがベリー・エッセンの定理として知られており，そのため誤差 ϵ で確率の近似を行うには $\mathrm{O}(1/\epsilon^2)$ という大きなサンプル数が必要となります．したがって，低確率で起こる事象を正規近似により小さな相対誤差で評価するには膨大なサンプル数が必要になります．

2.2　裾確率の評価

これまでの議論からわかるように，中心極限定理は比較的高確率で起こる事象の確率を近似するには大変便利ですが，例えば「標本平均が期待値から大幅にずれる確率（**裾確率**といいます）」といったように，低頻度で起こる事象の確率を小さな相対誤差で評価するには適していません．

裾確率の評価式で最も単純なものの 1 つが**ヘフディングの不等式** (Hoeffding's inequality) です．

定理 2.2（ヘフディングの不等式）

i.i.d. 確率変数 $X_i \in [0,1]$ と任意の $\Delta > 0$ に対して，

$$\mathbb{P}[\hat{\mu}_n \leq \mu - \Delta] \leq \mathrm{e}^{-2n\Delta^2} \qquad (2.2)$$
$$\mathbb{P}[\hat{\mu}_n \geq \mu + \Delta] \leq \mathrm{e}^{-2n\Delta^2}$$

が成り立つ．

この不等式から，標本平均 $\hat{\mu}_n$ が真の平均 μ から Δ 以上ずれる確率は指数関数的に減少することがわかります．また，この指数 $2\Delta^2$ は X_i の分布および μ に依存しない量としてはこれ以上改善できませんが，これらの依存性を許した場合にはより精度のよい評価が可能で，それが次で述べる**チェルノフ・ヘフディングの不等式** (Chernoff-Hoeffding's inequality) です．

離散値をとる確率分布 P に対して確率質量関数 $P(a) = \mathbb{P}_{X\sim P}[X = a]$ と表記するとき，分布 P, Q の**カルバック・ライブラー・ダイバージェンス** (Kullback-Leibler divergence, 以下 KL ダイバージェンス)[*1] は

$$D(P\|Q) = \mathbb{E}_{X\sim P}\left[\log \frac{P(X)}{Q(X)}\right] = \sum_x P(x) \log \frac{P(x)}{Q(x)}$$

と定義されます．ただし本書では log はすべて自然対数を表すことにし，$\log 1/0 = \infty$, $0 \log \infty = 0$ と定義します．連続値をとる確率変数に対し

*1　KL 情報量あるいは相対エントロピーともよばれます．

ては，確率質量関数を確率密度関数に，和を積分に置き換えることにより同様に定義されます [*2]．KL ダイバージェンスは対称性 $D(P\|Q) = D(Q\|P)$ を満たさないため厳密な意味での距離ではありませんが，直感的には分布間の距離の二乗に対応する量であり，**全変動距離** (total variation distance)

$$\|P - Q\|_1 = \frac{1}{2}\sum_x |P(x) - Q(x)| \tag{2.3}$$

に対して

$$D(P\|Q) \geq 2\|P - Q\|_1^2 \tag{2.4}$$

が成り立つことが**ピンスカーの不等式** (Pinsker's inequality) として知られています．

期待値 p をもつベルヌーイ分布を $\mathrm{Ber}(p)$ と表し，ベルヌーイ分布間の KL ダイバージェンスを

$$d(p, q) = D(\mathrm{Ber}(p)\|\mathrm{Ber}(q)) = p \log \frac{p}{q} + (1-p)\log\frac{1-p}{1-q} \tag{2.5}$$

と表記するとき，次が成り立ちます．

定理 2.3（チェルノフ・ヘフディングの不等式）

i.i.d. 確率変数 $X_i \in [0, 1]$ および任意の $0 \leq x \leq \mu$ に対して

$$\mathbb{P}[\hat{\mu}_n \leq x] \leq \mathrm{e}^{-nd(x,\mu)} \tag{2.6}$$

が成り立ち，また任意の $\mu \leq x \leq 1$ に対して

$$\mathbb{P}[\hat{\mu}_n \geq x] \leq \mathrm{e}^{-nd(x,\mu)} \tag{2.7}$$

が成り立つ．

ここでピンスカーの不等式より

$$d(x, \mu) \geq 2(x - \mu)^2 \tag{2.8}$$

であり，チェルノフ・ヘフディングの不等式がヘフディングの不等式より精

*2 一般には KL ダイバージェンスはラドン・ニコディム微分 $\frac{\mathrm{d}P}{\mathrm{d}Q}$ を用いて定義されますが，確率測度の概念を要するため，ここでは扱いません．

密な上界を与えていることがわかります．

式 (2.6)，式 (2.7) における指数 $d(x, \mu)$ は X_i がベルヌーイ分布に従う場合これ以上改善できないことが知られており，これを用いることで第 3 章で述べるようにベルヌーイ分布モデルに対して漸近的に理論限界を達成するバンディット方策を構成できます．

2.3 大偏差原理

以上の不等式は標本平均についての裾確率を指数関数の形で上から抑えるものでしたが，より一般的な結果として標本平均ではなく標本分布そのものに対して同様の確率評価を行うものがあります．

確率分布 P からのサンプル n 個の標本分布（経験分布）を $\hat{P}_n$ とします．例えば P をベルヌーイ分布とし，$X_i = 1$ なるサンプルが m 個，$X_i = 0$ なるサンプルが $n - m$ 個だった場合，その経験分布 $\hat{P}_n$ はベルヌーイ分布 $\mathrm{Ber}(m/n)$ となります．このように定義される経験分布に対して次の**サノフの定理** (Sanov's theorem) が成り立ちます．この定理は本書で直接的に用いることはありませんが，バンディット問題の直感的な理解に大変便利です．

定理 2.4（サノフの定理）

$\mathbb{R}$ 上の確率分布全体の集合を $\mathcal{P}$ とする．このとき任意の分布 $P \in \mathcal{P}$ および開集合 $A \subset \mathcal{P}$，閉集合 $B \subset \mathcal{P}$ に対して

$$\liminf_{n\to\infty} \frac{1}{n} \log \mathbb{P}[\hat{P}_n \in A] \geq -\inf_{Q\in A} D(Q\|P)$$

$$\limsup_{n\to\infty} \frac{1}{n} \log \mathbb{P}[\hat{P}_n \in B] \leq -\inf_{Q\in B} D(Q\|P)$$

が成り立つ．

この定理における開集合や閉集合は**レヴィ距離** (Lévy distance) とよばれるやや抽象的な距離に基づいて定義されるものですが，これらの概念についてここで理解する必要はなく，重要なのは以下の大雑把な理解です．この定理は，$\hat{P}_n \approx Q$ という事象，すなわち「分布 P からのサンプル n 個があたか

も分布 Q からのものであるように振る舞う」という事象の確率が（n に関する多項式倍の相対誤差を除いて）

$$\mathbb{P}[\hat{P}_n \approx Q] \approx \mathrm{e}^{-nD(Q\|P)}$$

と評価できることを表しています.

このように低確率で起きる事象の確率を指数関数の形で評価する理論体系を**大偏差原理** (large deviation principle) とよびます．バンディット問題における主要な評価の道具はこの形の確率評価となります.

なお，これまでの議論はサンプル数 n の多項式倍の誤差については注目しないものでしたが，例えば1次元確率変数の標本平均についてはある（X_i の分布 P と $x \le \mathbb{E}[X_i]$ から定まる）定数 C が存在して

$$\lim_{n\to\infty} \frac{\mathbb{P}[\hat{\mu}_n \le x]}{\frac{C}{\sqrt{n}}\mathrm{e}^{-n\sup_{\lambda\le 0}\{\lambda x - \Lambda(\lambda)\}}} = 1$$

が成り立つことが知られています．ただし $\Lambda(\lambda) = \log \mathbb{E}[\mathrm{e}^{\lambda X_i}]$ としました.
例えば，X_i がベルヌーイ分布 $\mathrm{Ber}(\mu)$ に従う場合は $0 < x < \mu$ かつ $xn \in \mathbb{Z}$ なる x に対して

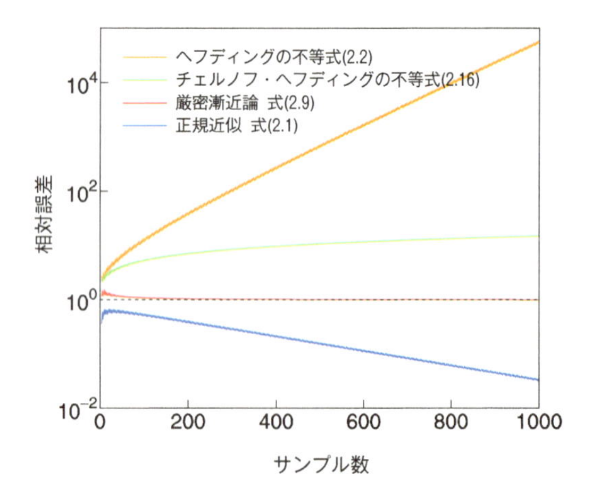

図 2.1　裾確率の評価式の相対誤差.

$$\lim_{n\to\infty} \frac{\mathbb{P}[\hat{\mu}_n \geq x]}{\sqrt{\frac{1-x}{2\pi x n}\frac{\mu}{\mu-x}}\mathrm{e}^{-nd(x,\mu)}} = 1 \tag{2.9}$$

が成り立ちます．このことからわかるように，チェルノフ・ヘフディングの不等式は真の確率を $\sqrt{n}$ 倍程度だけ過大評価したものとなっています．このように相対誤差を任意の精度で評価する理論は**厳密漸近論** (exact asymptotics) とよばれます．

図 2.1 は $p = 0.8$ のベルヌーイ分布に独立に従う確率変数の標本平均が 0.7 以下となる確率 $\mathbb{P}[\hat{\mu}_n \leq 0.7] = \mathbb{P}[\hat{\mu}_n \leq \lfloor 0.7n \rfloor / n]$ の近似値または上界式 (2.1),(2.2),(2.6),(2.9) の相対誤差をプロットしたものです．例えば相対誤差が 100 であるとき，その評価式は元の確率を 100 倍過大評価していることを意味しています．

図 2.1 からわかるように，正規分布による近似は $\hat{\mu}_n$ の累積分布の相対誤差という意味ではサンプル数を増やしたときに一般に収束しません *3．また，式 (2.9) による評価はヘフディングの不等式やチェルノフ・ヘフディングの不等式と違って漸近形であり有限の n での精度については言及していませんが，実際は非常によい確率の近似値を与えることがわかります．本節で述べた大偏差原理の詳細については，文献 [21,23] などを参照してください．

*3 これは絶対誤差を考える中心極限定理とは矛盾していません．また，図 2.1 では相対誤差は 1 未満となっていますが，一般にはこの近似は過大評価になる場合も過小評価になる場合もあります．

Chapter 3

確率的バンディット問題の方策

本章では確率的バンディットにおける最も基本的な設定について説明し，達成可能な理論限界について議論します．また，UCB 方策やトンプソン抽出といった理論限界を達成可能な代表的な方策について紹介し，その直感的な解釈について説明します．

3.1 定式化

K 個のスロットマシンのアームを選んでお金を稼ごうとしているプレイヤーを考えます．アーム i を引いたときに得られる報酬の期待値を μ_i とし，その報酬の確率分布を $P_i \in \mathcal{P}$ で表します．ここで報酬の確率分布は期待値と一対一に対応付けられているとし，$P_i = P(\mu_i)$ と表されるとします．プレイヤーは各時刻 $t = 1, 2, \ldots$ ごとにいずれかのアーム $i = i(t)$ を引き，確率分布 P_i に独立に従う報酬 $X_i(t)$ を受け取ります．このとき，時刻 t における各アームからの報酬 $X_1(t), X_2(t), \ldots, X_K(t)$ のうちプレイヤーが観測できるのは選択したアームからの報酬 $X_{i(t)}(t)$ のみとなります．

ここでプレイヤーがそれぞれのアームの真の期待値 μ_i を知っていた場合を仮想的に考えます．このとき長期的にみて最適な方策はその最大期待値 $\mu^* = \max_{i \in \{1,2,\ldots,K\}} \mu_i$ を達成するアーム $i^* = \mathrm{argmax}_{i \in \{1,2,\ldots,K\}} \mu_i$ を引

き続けることで [*1]，その場合の時刻 T までの累積報酬の期待値は $\mu^* T$ となります．一方，実際の進行で時刻 t にアーム $i(t)$ を選択した場合，累積報酬の期待値の $\mu^* T$ との差は $\Delta_i = \mu^* - \mu_i$ に対して

$$\begin{aligned}\mathrm{regret}(T) &= \sum_{t=1}^{T}(\mu^* - \mu_{i(t)}) \\ &= \sum_{i:\mu_i<\mu^*}(\mu^* - \mu_i)N_i(T+1) \\ &= \sum_{i:\mu_i<\mu^*}\Delta_i N_i(T+1) \end{aligned} \tag{3.1}$$

で表され，これを確率的バンディットでは**リグレット** (regret) とよびます．ここで，$N_i(t)$ は時刻 t の開始時点までにアーム i を引いた回数，つまり最初の $(t-1)$ 回の選択のうちでアーム i を引いた回数を表しています．以降ではリグレット (3.1) の期待値

$$\mathbb{E}[\mathrm{regret}(T)] = \sum_{i:\mu_i<\mu^*}\Delta_i \mathbb{E}[N_i(T+1)] \tag{3.2}$$

の最小化を目指します．なお，期待リグレット $\mathbb{E}[\mathrm{regret}(T)]$ は式 (1.3) で敵対的バンディットの設定を含めて定義した擬リグレット $\overline{\mathrm{Regret}}(T)$ と一致しますが，式 (3.1) で定義したリグレット $\mathrm{regret}(T)$ は式 (1.1) で定義した $\mathrm{Regret}(T)$ とは異なる量であり，確率的バンディットにおいてのみ用いられます．

3.2 理論限界

式 (3.2) からわかるように，リグレットを小さくする問題は期待値最大でないアーム i それぞれに対して選択数 $N_i(T)$ を小さくする問題と同等になります．では，$N_i(T)$ はどこまで小さくすることが可能でしょうか．ここで自明な例として，プレイヤーが何も考えずにただアーム $i = 1$ を引き続ける場合を考えます．この場合，期待値最大のアームが $i^* \neq 1$ だった場合にはプレイヤーは大損をすることになりますが，偶然 $i^* = 1$ だった場合にはす

*1 以降では表記を簡単にするため i^* は一意に定まると仮定します．

べての $i \neq i^*$ に対して $N_i(T)=0$ となり，リグレット 0 を達成できてしまうことになります．当然このような方策は実用上はまったく役に立たないため，そのような決め打ちを行わない「真っ当な」方策のみを扱う場合に達成できる性能の限界が実際の興味の対象となります．

このような「真っ当な」方策の条件として通常扱われるのが**一貫性** (consistency) とよばれる性質です．

定義 3.1（一貫性）

ある方策が一貫性をもつとは，任意の固定した $a>0$ と真の確率分布の組 $\{P_i\}_{i=1}^K \in \mathcal{P}^K$ に対して，その方策のもとで $\mathbb{E}[\mathrm{regret}(T)] = \mathrm{o}(T^a)$ が成り立つことをいう．

定義 3.1 にあるように，方策が一貫性をもつとは，リグレットが常にどんな多項式オーダーよりも小さくなることを指しています *2．以降で紹介する方策のほとんどは $\mathbb{E}[\mathrm{regret}(T)] = \mathrm{o}(\log T)$ となり，そのため一貫性を満たすものとなります．

定理 3.2（一貫性をもつ方策のリグレット下界 [48]）

$D(P(\mu')\|P(\mu))$ が $\mu > \mu'$ について単調増加かつ連続とする．一貫性をもつアルゴリズムを用いたとき，任意の $i \neq i^*$ と十分大きい T に対して

$$\mathbb{E}[N_i(T)] \geq \frac{(1-\mathrm{o}(1))\log T}{D(P(\mu_i)\|P(\mu^*))} \tag{3.3}$$

が成り立つ．また，その結果として，

$$\mathbb{E}[\mathrm{regret}(T)] \geq (1-\mathrm{o}(1)) \sum_{i:\mu_i<\mu^*} \frac{\Delta_i \log T}{D(P(\mu_i)\|P(\mu^*))}$$

が成り立つ．

この定理の厳密な証明は少々面倒ですが，前章で述べた大偏差原理の考え方

*2 単にリグレットが $\mathrm{o}(T)$ となることを一貫性とよぶ場合もあり，それに対して定義 3.1 を強一貫性とよぶ場合もあります．

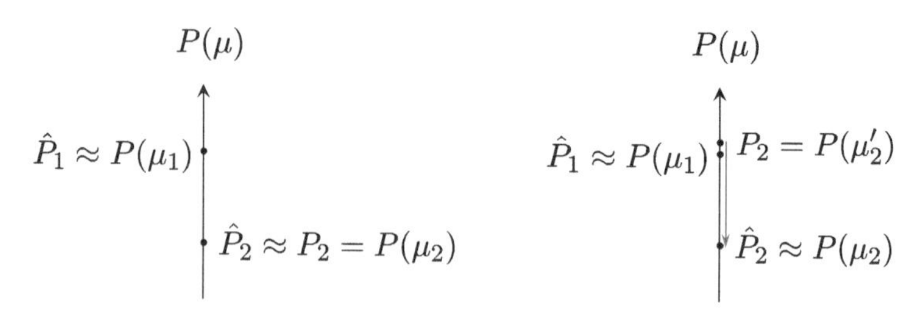

図 3.1 プレイヤーが考える 2 つのケース．左：アーム 1 が期待値最大で標本分布が真の分布に近い．右：アーム 2 の期待値が実は $\mu'_2 = \mu_1 + \delta$ で最大だが標本分布が偶然 $P(\mu_2)$ に近くなった．

を用いることで比較的容易に直感的な理解が得られます．

いま簡単のためアームの数が $K = 2$ であるとし，アーム 1 が期待値最大である（すなわち $\mu_1 > \mu_2$ である）場合に，アーム 2 が何回引かれてしまうかを考えます．ここで，アーム 2 の標本分布 $\hat{P}_2$ は高い確率で真の分布 $P(\mu_2)$ に近いものとなりますが（図 **3.1**(左)），プレイヤー側は「アーム 2 の真の期待値が実は $\mu'_2 = \mu_1 + \delta$ である」という可能性（図 3.1(右)）も考慮する必要があります．

ここで少々天下り的ですが，アーム 2 の探索を選択数

$$N_2(t) \le \frac{(1-\epsilon)\log T}{D(P(\mu_2)\|P(\mu'_2))} =: n_2$$

の時点で打ち切り，それ以降はアーム 1 を引き続けた場合を考えます．このときサノフの定理によれば，アーム 2 の真の分布が $P(\mu'_2)$ である場合にそこからの標本分布 $\hat{P}_2$ が $P(\mu_2)$ に偶然近くなる確率は

$$\begin{aligned}\mathbb{P}_{X_2(t)\sim P(\mu'_2)}[\hat{P}_2 \approx P(\mu_2)] &\approx \mathrm{e}^{-N_2(t)D(P(\mu_2)\|P(\mu'_2))}\\ &\ge \mathrm{e}^{-(1-\epsilon)\log T}\\ &= T^{-1+\epsilon}\end{aligned}$$

となります．一方，アーム 2 の真の期待値が $\mu'_2 = \mu_1 + \delta$ である場合にアーム 1 を引くことは 1 回あたり期待値 δ の損失になるため，この設定のもとでの期待損失は

$$\mathbb{E}_{X_2(t)\sim P(\mu'_2)}[\mathrm{regret}(T)] \ge \mathbb{P}[\hat{P}_2 \approx P(\mu_2)] \times \delta N_1(T+1)$$

$$
\begin{aligned}
&\gtrsim T^{-1+\epsilon} \times \delta \left(T - \frac{(1-\epsilon)\log T}{D(P(\mu_2)\|P(\mu_2'))} \right) \\
&= \Omega(T^{\epsilon})
\end{aligned}
$$

と多項式オーダーになり，一貫性を満たさなくなってしまいます．これはアーム 2 の分布が $P(\mu_2)$ であるように見える場合にサンプル数 n_2 の時点で探索を打ち切ってしまったために起きた結果であり，逆に一貫性を満たす方策とするには少なくともアーム 2 を

$$
n_2 = \frac{(1-\epsilon)\log T}{D(P(\mu_2)\|P(\mu_2'))}
$$

よりも多い回数引く必要があることがわかります．この議論は任意の $\epsilon > 0$ と $\mu_2' > \mu_1$ に対して成り立つため，最後に $\epsilon \downarrow 0$ かつ $\mu_2' \downarrow \mu_1$ とすることで求める理論限界が（直感的には）導出されます．

定理 3.2 で与えられる下界の具体的な形は考える確率分布モデル P に依存しますが，その例としては次のようなものが考えられます．

例 3.1 （理論限界の例）

i) 各アームからの報酬が広告やニュース記事のクリックの有無に対応する場合，その分布はクリック率 μ_i のベルヌーイ分布とみなすことができます．したがって，前章の式 (2.5) で定義したベルヌーイ分布間の KL ダイバージェンス $d(p,q)$ を用いると，期待値最大でないアーム i の選択数の下界は

$$
\mathbb{E}[N_i(T)] \geq \frac{(1-\mathrm{o}(1))\log T}{d(\mu_i,\mu^*)} = \frac{(1-\mathrm{o}(1))\log T}{\mu_i \log \frac{\mu_i}{\mu^*} + (1-\mu_i)\log \frac{(1-\mu_i)}{(1-\mu^*)}} \tag{3.4}
$$

と表されます．

ii) 通販サイトのデザイン例が K 通りあり，その売上の最大化を目指す場合を考えます．ここで一定期間内での売上額は各商品の価格および売上数といった多くの要素に依存しており，全体としては近似的に期待値 μ_i の正規分布 $\mathcal{N}(\mu_i,\sigma^2)$ に従うとみなすことができます．こ

こで分散 σ^2 が既知とすると，正規分布間の KL ダイバージェンスは $D(\mathcal{N}(\mu,\sigma^2)\|\mathcal{N}(\mu',\sigma^2))=\frac{(\mu-\mu')^2}{2\sigma^2}$ であることから，アーム $i\neq i^*$ の選択数の下界は

$$\mathbb{E}[N_i(T)]\geq\frac{2(1-\mathrm{o}(1))\sigma^2\log T}{(\mu_i^*-\mu_i)^2}=\frac{2(1-\mathrm{o}(1))\sigma^2\log T}{\Delta_i^2}$$

と表され，リグレット下界は

$$\mathbb{E}[\mathrm{regret}(T)]\geq(1-\mathrm{o}(1))\left(\sum_{i:\mu_i<\mu^*}\frac{2\sigma^2}{\Delta_i}\right)\log T$$

となります．この例のように，多くのモデルではアーム $i\neq i^*$ が期待値最大でないことを確認するために $\Omega(1/\Delta_i^2)$ 程度のサンプル数が必要となります．したがって，Δ_i が小さい場合，選択 1 回あたりのリグレットが小さくなることを差し引いても全体としては大きなリグレットが生じることになります．

iii) ある用途のための製品が K 種類あり，その寿命，すなわち故障までに使える時間の累計和を最大化したいとします．このとき，各製品 i の寿命 X_i は例えば期待値 μ_i の指数分布 $\mathrm{Exp}(\mu_i)$ に従うとみなすことができ，その確率密度は $(1/\mu_i)\mathrm{e}^{-x/\mu_i}$, $x\geq 0$ で与えられます．指数分布間の KL ダイバージェンスが $D(\mathrm{Exp}(\mu)\|\mathrm{Exp}(\mu'))=\log\frac{\mu'}{\mu}+\frac{\mu}{\mu'}-1$ で与えられることから，リグレット下界は

$$\mathbb{E}[\mathrm{regret}(T)]\geq(1-\mathrm{o}(1))\sum_{i:\mu_i<\mu^*}\frac{(\mu^*-\mu_i)\log T}{\log\frac{\mu^*}{\mu_i}+\frac{\mu_i}{\mu^*}-1}$$

となります．

iii′) あるタスクの処理に用いるツールや人材が K 通りあり，その処理に要した時間の累計和を今度は最小化したいとします．ここで処理時間 X_i' の和の最小化は負の処理時間 $X_i=-X_i'$ の最大化と同等であり，この X_i を報酬とみなすことで通常のバンディット問題と同等になります．ここで処理時間 X_i' が期待値 μ_i の指数分布に従うとき，例 iii) とまったく同様にしてリグレット下界

$$\mathbb{E}[\mathrm{regret}(T)] \geq (1-\mathrm{o}(1)) \sum_{i:\mu_i > \mu_*} \frac{(\mu_i - \mu_*)\log T}{\log \frac{\mu_*}{\mu_i} + \frac{\mu_i}{\mu_*} - 1}$$

が得られます．ただし $\mu_* = \min_{i \in \{1,2,\ldots,K\}} \mu_i$ としました．

これらの理論限界では，それが実際に達成可能であるかは特に議論しておらず，以降ではこれらの理論限界を達成する具体的な方策の構成を考えます．

補足 3.1 理論限界の導出では報酬分布 P_i が期待値パラメータ μ_i と一対一に対応付けられることをほとんど利用しておらず，ほぼ同一の議論により一般の報酬分布のモデル $\mathcal{P} \ni P_i$ では一貫性を満たす方策のもとで

$$\mathbb{E}[\mathrm{regret}(T)] \geq (1-\mathrm{o}(1)) \sum_{i:\mu_i < \mu^*} \frac{(\mu^* - \mu_i)\log T}{\inf_{Q \in \mathcal{P}: \mathbb{E}_{X\sim Q}[X] > \mu^*} D(P_i \| Q)}$$

が証明可能です．例えば分散未知の正規分布モデル $\mathcal{P} = \{\mathcal{N}(\mu, \sigma^2) : \mu \in \mathbb{R}, \sigma^2 \in (0, \infty)\}$ では，

$$\mathbb{E}[\mathrm{regret}(T)] \geq (1-\mathrm{o}(1)) \sum_{i:\mu_i < \mu^*} \frac{2(\mu^* - \mu_i)\log T}{\log\left(1 + \frac{(\mu^* - \mu_i)^2}{\sigma_i^2}\right)}$$

が成り立ちます．ただし，この理論限界を達成する方策の構成は単一パラメータのモデルに比べてとても複雑となります [13,35]．

3.3 ϵ-貪欲法

本節以降では，確率的バンディット問題において小さいリグレットを達成する方策の具体的な構成を行います．以下ではヘフディングの不等式あるいはチェルノフ・ヘフディングの不等式を適用するために，各アームからの報酬 $X_i(t)$ が $[0,1]$ に含まれている場合を考えます．それ以外の確率分布モデルを考える場合も，そのモデルに応じて適切な指数関数型の確率不等式を使

うことで，同様の方法で方策の構成を行うことができます．

以下では，アーム i からの報酬の標本平均を $\hat{\mu}_i$ で表し，特に時刻 t の開始時点での標本平均であることを明確にする場合は $\hat{\mu}_i(t)$，すなわち

$$\hat{\mu}_i(t) = \frac{1}{N_i(t)} \sum_{s \in \{1,2,\ldots,t-1\}: i(s)=i} X_i(s)$$

と表記します．また，アーム i を n 回引いた時点でのアーム i の標本平均を $\hat{\mu}_{i,n}$ と表し，このとき $\hat{\mu}_i(t) = \hat{\mu}_{i,N_i(t)}$ が成り立ちます．標本平均が最大のアームを $\hat{i}^* = \hat{i}^*(t) = \mathrm{argmax}_i\, \hat{\mu}_i(t)$ と表します．

この問題に対する最も単純な方策の1つが **ϵ-貪欲法** (ϵ-greedy) です．ϵ-貪欲法では，まず全体のアーム選択数 T のうち ϵT 回を探索期間としてすべてのアームを一様に選択し，残りの $(1-\epsilon)T$ 回を活用期間としてそれまでで最も標本平均の高かったアーム $\hat{i}^*$ を引き続けるものです．具体的な構成にはいくつか種類がありますが，ここでは議論を簡単にするため終了時刻 T を既知とした場合のものを**アルゴリズム 3.1** に紹介します．

ϵ-貪欲法は後述の UCB 方策（3.4.1 節参照）に比べて，性能は悪い場合が多いものの，実装が容易でシステムに組み込みやすいことからしばしば用いられます．なお，アルゴリズム 3.1 では時刻 $\epsilon T + 1$ 以降に引くアームを $\hat{i}^*(\epsilon T + 1)$ に固定しています．これを各時刻での期待値最大のアーム $\hat{i}^*(t) = \mathrm{argmax}_i\, \hat{\mu}_i(t)$ を引くよう変更することで性能を若干改善できますが，以下で議論する本質的な ϵ-貪欲法の性質については変わりません．

アルゴリズム 3.1 ϵ-貪欲法

パラメータ： $\epsilon > 0$.
入力： 全体のアーム選択数 T.
1: すべてのアーム i を $\epsilon T/K$ 回引く．
2: アーム $\hat{i}^*(\epsilon T + 1) = \mathrm{argmax}_i\, \hat{\mu}_i(\epsilon T + 1)$ を $(1-\epsilon)T$ 回引く．

定理 3.3 (**ϵ-貪欲法のリグレット上界**)

任意の $\epsilon \in (0,1)$ について

$$\mathbb{E}[\mathrm{regret}(T)] \le \sum_{i \neq i^*} \Delta_i \left(\frac{\epsilon T}{K} + \mathrm{e}^{\log T - \frac{\epsilon \Delta_i^2 T}{2K}} \right) \tag{3.5}$$

が成り立つ．特に，$c \le \min_{i \neq i^*} \Delta_i^2$ に対して $\epsilon = \frac{2K \log T}{cT}$ とすると

$$\mathbb{E}[\mathrm{regret}(T)] \le \sum_{i \neq i^*} \Delta_i \left(\frac{2 \log T}{c} + 1 \right) \tag{3.6}$$

が成り立つ．

証明. $n_\epsilon = \epsilon T/K$ とする．アルゴリズム 3.1 のステップ 1 でアーム i が引かれる回数は n_ϵ 回であり，以降ではステップ 2 でアーム $i \neq i^*$ が平均何回引かれるかを考える．

時刻 $\epsilon T + 1$ 以降でアーム i が引かれ続けるためには $\hat{\mu}_i(\epsilon T + 1) = \max_j \hat{\mu}_j(\epsilon T + 1)$ となる必要があり，そのとき $\hat{\mu}_{i,n_\epsilon} \ge \hat{\mu}_{i^*,n_\epsilon}$ が成り立つ．したがって，アーム $i \neq i^*$ の選択数は次のように抑えられる．

$$\begin{aligned}
\mathbb{E}[N_i(T+1)] &\le n_\epsilon + T(1-\epsilon)\mathbb{P}[\hat{\mu}_{i,n_\epsilon} \ge \hat{\mu}_{i^*,n_\epsilon}] \\
&\le n_\epsilon + T\mathbb{P}\left[\frac{\hat{\mu}_{i^*,n_\epsilon} - \hat{\mu}_{i,n_\epsilon} + 1}{2} \le \frac{1}{2} \right]
\end{aligned}$$

さて，$\frac{\hat{\mu}_{i^*,n_\epsilon} - \hat{\mu}_{i,n_\epsilon} + 1}{2}$ は期待値 $\frac{\mu_{i^*} - \mu_i + 1}{2} = \frac{\Delta_i + 1}{2}$ をもつ $[0,1]$ 上の i.i.d. 確率変数 n_ϵ 個の標本平均とみなせることから，ヘフディングの不等式より

$$\mathbb{E}[N_i(T+1)] \le n_\epsilon + T\mathrm{e}^{-2n_\epsilon(\Delta_i/2)^2} = \frac{\epsilon T}{K} + \mathrm{e}^{\log T - \frac{\epsilon \Delta_i^2 T}{2K}}$$

となり，式 (3.5) を得る．式 (3.6) は $\epsilon = \frac{2K \log T}{cT}$ の代入より明らかである． □

この定理から，ϵ-貪欲法においては ϵ を適切に調整することで理論限界と

同じく $O(\log T)$ のリグレットを達成できることがわかります．しかし，この方策は ϵ の調整には非常に敏感で，$O(\log T)$ のリグレットを達成するためには $\epsilon = O((\log T)/T)$ とする必要があるだけでなく，その係数部が（実際には未知である）$\min_{i \neq i^*} \Delta_i^2$ に依存して決められていなければいけません [*3]．また，ϵ-貪欲法ではその性質上，期待値が最大に近いアームも明らかに劣っているアームも同じ回数の探索を行ってしまうため，適切な調整をしたとしてもアームの数が多い場合には性能が悪くなります．

3.4 尤度に基づく方策

前節で述べたように，ϵ-貪欲法はどのように ϵ をとっても真の分布のパラメータ $\{\mu_i\}_i$ 次第では $O(\log T)$ のリグレットを達成できないものでした．$O(\log T)$ のリグレットを常に達成する（あるいはより狭義には，その係数部まで定理 3.2 の理論限界を達成する）方策の構成にはいくつか種類がありますが，そのうち最も基本的なのが，UCB 方策といった尤度比較に基づく方策です．

まずはこれらの方策における直感的な考え方を簡易的な議論で説明します．理論限界によれば，期待値最大でないそれぞれのアームを時刻 t までに少なくとも $\Omega(\log t)$ 回程度は選択しなければいけないことから，ある時刻 t においてそのアームを選択する確率は $(\mathrm{d}\log t)/\mathrm{d}t = 1/t$ 程度は必要となります．逆に，各時刻に $1/t$ 程度の確率で期待値最大でないアームを選ぶことができれば，$\sum_{t=1}^{T} 1/t = O(\log T)$ より理論限界と同じオーダーのリグレットが見込めることになります．以下で紹介する UCB 方策と MED 方策は，このアイディアを定式化したものとみなすことができます．

3.4.1 UCB 方策

報酬を最大化するためには，現在のところ報酬期待値が高そうに見えるアームを引く必要がある一方で，選択数が少ないアームについてはまだ標本平均が真の期待値に収束していない可能性が高くなります．これらのバランスをとり理論限界を達成する方法として古くから知られているのが **UCB 方**

---

*3 ここで示したのはリグレットの上界のみですが，実際にどのような c をとったとしても $\min_{i \neq i^*} \Delta_i^2$ の値によってはリグレットが線形オーダー $\Omega(T)$ となってしまうことを示すことができます．

策 (UCB policy) です．UCB は Upper Confidence Bound の略で，信頼上限あるいは信頼区間の上限といった意味になります．この方策では，UCB スコア $\overline{\mu}_i(t)$ を各時刻ごとに計算し，そのスコアが最も高いアームを引きます．

UCB スコアのとり方にはさまざまな種類がありますが，ここではヘフディングの不等式に基づいたものを**アルゴリズム 3.2** に示し，これを以降では単に UCB 方策とよびます．この方策は UCB スコアとして

$$\overline{\mu}_i(t) = \hat{\mu}_i(t) + \sqrt{\frac{\log t}{2N_i(t)}} \tag{3.7}$$

を用い，これは標本平均 $\hat{\mu}_i(t)$ に補正項を上乗せした値になっています．選択数 $N_i(t)$ が少ないアームほどこの補正項は大きくなるので，標本平均が小さいとしても，その標本数が少ないアームは引かれやすくなります．

さて，UCB 方策の定性的な説明は以上となりますが，具体的な補正項の形 $\mathrm{O}(\sqrt{(\log t)/N_i(t)})$ はどのようにして導出されたのでしょうか？ ここでは理論的な厳密さにはあまり立ち入らず，直感的な説明を行います．

先に説明したように，$\mathrm{O}(\log T)$ のリグレットを達成するためには各時刻 t で $\mathrm{O}(1/t)$ 程度の確率で期待値最大でないアームを引く必要があります．そこで，(少々強引な議論ですが) 各時刻 t において有意水準 $\mathrm{O}(1/t)$ でそれぞれ

アルゴリズム 3.2 ヘフディングの不等式に基づく UCB 方策

1: すべてのアームを 1 回ずつ引く．
2: **for** $t = K+1, K+2, \ldots, T$ **do**
3: 　各アーム i の UCB スコア $\overline{\mu}_i(t) = \hat{\mu}_i(t) + \sqrt{\frac{\log t}{2N_i(t)}}$ を計算．
4: 　スコアが最大のアーム $\mathrm{argmax}_{i \in \{1,2,\ldots,K\}} \overline{\mu}_i(t)$ を引く（スコア最大のアームが複数ある場合にそのいずれを選ぶかは任意）．
5: **end for**

のアームの信頼区間を構成し，その大きめに見積もった期待値を規準に引くべきアームを決めることで，毎時刻 $\mathrm{O}(1/t)$ 程度の誤選択率が期待できます．

これらの議論から，UCB スコアを決めるには有意水準 $\mathrm{O}(1/t)$ で真の期待値の上限を計算すればいいということになりますが，そのための最も単純な方法がヘフディングの不等式を使う方法です．アーム i の真の期待値が μ である場合，そこからのサンプル n_i 個の標本平均 $\hat{\mu}_i$ が $\mu'(<\mu)$ 以下となる確率は，ヘフディングの不等式を用いれば

$$\mathbb{P}[\hat{\mu}_i \leq \mu'] \leq \mathrm{e}^{-2n_i(\mu-\mu')^2}$$

と抑えられます．したがって，「標本平均 $\hat{\mu}_i$ が μ' 以下となった」という事象のもとで「アーム i の真の期待値が μ である」という仮説の尤度は $\mathrm{e}^{-2n_i(\mu-\mu')^2}$ で抑えられ，真の期待値 μ_i の有意水準 $1/t$ での信頼区間の上限は

$$\begin{aligned}
\overline{\mu}_i &= \max\left\{\mu : \mathrm{e}^{-2n_i(\mu-\hat{\mu}_i)^2} \geq 1/t\right\} \\
&= \max\left\{\mu : 2n_i(\mu-\hat{\mu}_i)^2 \leq \log t\right\} \\
&= \hat{\mu}_i + \sqrt{\frac{\log t}{2n_i}}
\end{aligned}$$

となり，UCB スコアを導くことができます．この UCB 方策のリグレットは次のように抑えることができます．

定理 3.4（UCB 方策のリグレット上界）

UCB 方策のもとで，任意の $\epsilon \in (0, \Delta_i)$ について

$$\mathbb{E}[\mathrm{regret}(T)] \leq \sum_{i \neq i^*} \Delta_i \left(\frac{\log T}{2(\Delta_i - 2\epsilon)^2} + \frac{3}{2\epsilon^2} + \frac{\log \frac{1}{2\epsilon^2}}{4\epsilon^2} \right) \quad (3.8)$$

が成り立つ．特に，$\epsilon = \mathrm{O}((\log T)^{-1/3})$ とすることにより

$$\mathbb{E}[\mathrm{regret}(T)] \leq \sum_{i \neq i^*} \frac{\log T}{2\Delta_i} + \mathrm{O}((\log T)^{2/3} \log\log T) \quad (3.9)$$

が成り立つ．

定理 3.4 の証明は 4 章で行います（52 ページ参照）．この定理における $\epsilon > 0$

は単なる理論解析のための任意定数であり，方策を実行するにあたって設定が必要なパラメータではないことに注意してください．定理 3.4 からわかるように，UCB 方策では ϵ-貪欲法と異なり Δ_i に関する事前知識なしで $\mathrm{O}(\log T)$ のリグレットを達成することができます．ここで，ピンスカーの不等式 (2.8) より $\frac{1}{2\Delta_i} \geq \frac{\Delta_i}{d(\mu_i,\mu^*)}$ が成り立ち，式 (3.9) が理論限界 (3.4) と確かに矛盾していないことがわかります．また，$\mu_i \approx \mu^* \approx 1/2$ のときピンスカーの不等式はほぼ等式に近くなり，この場合には UCB 方策のリグレットは $\log T$ の係数部を含めて理論限界とほぼ同じになります．

補足 3.2 ここで紹介した UCB 方策は主にアウアーら [6] が提案した UCB1 方策に基づいたものですが，UCB1 ではやや緩い評価を行うために，式 (3.7) の補正項を 2 倍にした

$$\hat{\mu}_i(t) + \sqrt{\frac{2\log t}{N_i(t)}}$$

をスコアとして用いており，その結果として式 (3.9) より悪いリグレット上界

$$\mathbb{E}[\mathrm{regret}(T)] \leq \sum_{i=1}^{n} \frac{8\log T}{\Delta_i} + \mathrm{o}(\log T)$$

を導いています．文献によってはこの UCB1 を単に UCB 方策とよぶ場合もあることに注意してください．

アルゴリズム 3.2 で用いた UCB スコア (3.7) はヘフディングの不等式に基づくものでしたが，より精密な確率の上界を与えるチェルノフ・ヘフディングの不等式を用いても同様に UCB スコアを導出できます．これは KL ダイバージェンスを用いて

$$\begin{aligned}\bar{\mu}'_i(t) &= \max\left\{\mu : \mathrm{e}^{-n_i d(\hat{\mu}_i(t),\mu)} \geq 1/t\right\} \\ &= \max\left\{\mu : n_i d(\hat{\mu}_i(t),\mu) \leq \log t\right\} \qquad (3.10)\end{aligned}$$

と表され，μ に関する方程式 $d(\hat{\mu}_i(t),\mu) = \frac{\log t}{n_i}$ の $\mu \in (\hat{\mu}_i(t), 1]$ におけ

る唯一の解となります．UCB 方策におけるスコア $\overline{\mu}_i(t)$ を式 (3.10) のスコア $\overline{\mu}'_i(t)$ に置き換えた方策を **KL-UCB 方策** (KL-UCB policy) とよび，ベルヌーイ分布モデルに対して $\log T$ の係数部まで含めて理論限界を達成することができます．さらに，ベルヌーイ分布間の KL ダイバージェンス $d(\hat{\mu}_i, \mu) = D(\mathrm{Ber}(\hat{\mu}_i) \| \mathrm{Ber}(\mu))$ をモデルに応じて置き換えることで，さまざまな報酬分布モデルに対して理論限界を達成することができます．

定理 3.5 (KL-UCB 方策のリグレット上界 [13,14])

KL-UCB 方策のもとで次が成り立つ．

$$\mathbb{E}[\mathrm{regret}(T)] \leq \sum_{i \neq i^*} \frac{\Delta_i \log T}{d(\mu_i, \mu^*)} + \mathrm{o}(\log T)$$

定理 3.5 は定理 3.4 の証明でヘフディングの不等式を用いる部分をチェルノフ・ヘフディングの不等式に置き換えることで示すことができます．

3.4.2 MED 方策

KL-UCB 方策は理論限界を達成することができますが，KL ダイバージェンス $d(\hat{\mu}_i, \mu)$ の μ に関する逆関数 (3.10) を計算する必要があります．これは単に 1 次元のニュートン法などで比較的簡単に計算可能ですが，バンディット問題では各時刻 t ごとにスコアを計算する必要があり，その際に毎回ニュートン法を実行するのは必ずしも現実的ではありません．

一方，UCB 方策で重要なのは期待値最大でないアームの誤選択率が $1/t$ 程度となるように制御することであり，真の期待値についての信頼区間を計算すること自体は必ずしも本質的ではありません．そこで，この誤選択率を直接制御することを目指す方策の体系として MED 方策があり，それらのうち最も直感的な理解が容易なのが**アルゴリズム 3.3** に示す **DMED 方策** (Deterministic Minimum Empirical Divergence policy) です．

DMED 方策では現在のループで引くべきアームのリスト L_C，次のループで引くべきアームのリスト L_N を用意し，現在のループ中に次のループで用いるリスト L_N を構成します．DMED 方策で本質的に重要なのは「式

アルゴリズム 3.3 DMED 方策

1: すべてのアームを 1 回ずつ引く.
2: $L_C \leftarrow \{1,2,\ldots,K\}$, $L_N \leftarrow \emptyset$, $t \leftarrow K+1$.
3: **while** $t \le T$ **do**
4: **for** $i \in L_C$ **do**
5: アーム i を引く. $t \leftarrow t+1$.
6: **if**

$$N_j(t)d(\hat{\mu}_j(t),\hat{\mu}^*(t)) \le \log t \tag{3.11}$$

を満たす $j \notin L_N$ が存在 **then**
7: そのような j をすべて L_N に含める.
8: **end if**
9: **end for**
10: $L_C \leftarrow L_N, L_N \leftarrow \emptyset$.
11: **end while**

(3.11) を満たすアームがあったらそれを定数時間内に引く」という性質のみであり，アルゴリズム 3.3 を用いることで，式 (3.11) が時刻 t で成立した際にそのアームが時刻 $t+2K$ までの間に必ず引かれることを保証しています．

DMED 方策においてアーム選択の規準となる式 (3.11) は

$$\mathrm{e}^{-N_i(t)d(\hat{\mu}_i(t),\hat{\mu}^*(t))} \ge 1/t \tag{3.12}$$

と同値です．一方，大偏差原理によれば，ベルヌーイ分布の真の期待値が μ のとき，その標本平均が $\hat{\mu}_i(t)$ となる確率は $\mathrm{e}^{-N_i(t)d(\hat{\mu}_i(t),\mu)}$ 程度となります．したがって，式 (3.12) は「アーム i の真の期待値が $\hat{\mu}^*(t)$ 以上である（≈期待値最大である）尤度が $1/t$ 以上」ということとほぼ同値であり，DMED 方策は「期待値最大である尤度が $1/t$ 以上のアームを引く」という方策であると解釈できます．

また，式 (3.11) は

$$N_j(t) \le \frac{\log t}{d(\hat{\mu}_j(t), \hat{\mu}^*(t))}$$

と同値ですが，この右辺は理論限界 (3.4) におけるダイバージェンス $d(\mu_i, \mu^*)$ をその推定値である経験ダイバージェンス $d(\hat{\mu}_i, \hat{\mu}^*)$ に置き換えて o(1) の項を除いたものと等しくなっています．したがって，DMED 方策は理論限界 (3.4) が示す最低限必要な回数だけちょうど探索を行うことを目指す方策と解釈することもできます．

定理 3.6（DMED 方策のリグレット上界 [34]）

DMED 方策のもとで次が成り立つ．

$$\mathbb{E}[\mathrm{regret}(T)] \le \sum_{i \ne i^*} \frac{\Delta_i \log T}{d(\mu_i, \mu^*)} + \mathrm{o}(\log T)$$

さて DMED 方策はダイバージェンスの逆関数の計算が不要であり実装が容易ですが，一方で有限の時刻 t での性能は KL-UCB 方策より若干悪くなることが知られています．そこで，式 (3.11) を満たすアームをすべて引くのではなく，式 (3.11) の左辺を補正した値

$$I_i(t) = N_i(t) d(\hat{\mu}_i(t), \, \hat{\mu}^*(t)) + \log N_i(t)$$

をアーム選択の規準とし，単に各時刻に $I_i(t)$ を最小にするアームを引く方策が提案されています．これは漸近最適性と計算の容易さを保ったまま有限時刻で KL-UCB 方策と同等以上の性能を達成でき，**IMED 方策** (Indexed Minimum Empirical Divergence policy) とよばれます [36]．

3.5 確率一致法とトンプソン抽出

KL-UCB 方策は真の期待値の有意水準 $1/t$ 信頼区間の上限をチェルノフ・ヘフディングの不等式により求めるものと解釈できましたが，2 章で述べたようにチェルノフ・ヘフディングの不等式はサンプル数 n に対して確率を

$\mathrm{O}(\sqrt{n})$ 倍ほど過大評価しており，それにより本来は期待値最大である可能性が非常に小さいアームに対して余分な探索を行う場合があります．さらに，この有意水準 $1/t$ というのは漸近的な理論限界の議論から導かれた値であり，これを $\mathrm{O}(1/t)$ となる別の値に置き換えても漸近最適性が証明できてしまう一方で，その有限時刻での性能は大きく変動します．

これらの漸近論を介した理論限界に頼らずによい性能を達成するためのヒューリスティクスの一種として，**確率一致法** (probability matching method) とよばれるものがあります．これは「それぞれのアームが期待値最大である "確率"」を何らかの方法で定式化し，引くアームをその確率に従ってランダムに選ぶものです．例えば**ソフトマックス方策** (softmax policy) は，各アーム i が期待値最大である確率が温度パラメータ $\tau > 0$ のギブス分布を用いて $\mathrm{e}^{\hat{\mu}_i/\tau}$ に比例すると考え，それらを規格化した確率

$$\mathbb{P}[\text{アーム } i \text{ を引く}] = \frac{\mathrm{e}^{\hat{\mu}_i/\tau}}{\sum_{i'=1}^{K} \mathrm{e}^{\hat{\mu}_i/\tau}} \tag{3.13}$$

でランダムにアームを引く方策となります．5 章で述べる敵対的バンディットで用いられる **Exp3 方策** (Exp3 policy) も，温度パラメータ τ を t によって可変にしたり確率 (3.13) に補正項を加えたりといった改良を行った確率一致法の一種と解釈できます．

3.5.1 確率一致法の特徴と解釈

確率一致法あるいは一般のランダム方策の実用上の利点として，推定量のバッチ更新に対して頑健であることがあげられます．実際の応用の場面では，計算量あるいは運用上の理由により報酬データがリアルタイムでは与えられず，$B = 100$ 回ごとといった形で遅延を含んでバッチデータとして与えられる場合が多くあります．このとき例えば UCB 方策のように何らかのスコアに基づいてアーム選択を行う方策を単純に適用した場合，各バッチ内で情報の更新が行われないために B 回すべてで同じアームを引くということがしばしば起こり，期待値最大のアームを誤って推定していた場合には大きな損失が生じてしまいます．バッチサイズ B があくまで定数であればこのことは漸近的な解析に影響を与えませんが，やはり現実的な総選択数のもとではバッチサイズが大きいと性能が悪化しやすくなります．一方，確率一致

法では観測データを固定したとしても次に引くアームがランダムに選択されるため，各アームの選択数が適度に分散されることになり，バッチサイズが大きくなっても安定的な動作が得られやすくなります．

さて，確率一致法は「期待値最大である確率が高そうなアームが高確率で引かれるが，そうでないアームも低頻度ながら引かれる」という意味で定性的には直感に合った方策ですが，それではなぜ期待値最大である確率が p_i のアームを p_i に比例した確率で引くのでしょうか？ p_i^2 あるいは $\sqrt{p_i}$ に比例した確率ではよくないのでしょうか？

議論を簡単にするため，アームの数が $K=2$ である場合を考えます．ここで時刻 t までに得られた報酬のもとでアーム i が期待値最大である事後確率を $p_i(t)$ とするとき，期待値最大でないアームの選択数の（事後）期待値は

$$p_1(t)N_2(t)+p_2(t)N_1(t)$$

で与えられ，これを最小化することを考えます．ここで $p_i(t)$ は過去の進行に依存するものであり，これを明示的に最小化するのは現実的ではありません．一方，このような 2 つの項の和を小さくするためによく考えられるヒューリスティクスとして，「2 つの項をバランスするようにとる」というものがあります．今回その条件が満たされるのは $i \neq i'$ に対して

$$\begin{aligned} p_i(t)N_{i'}(t)=p_{i'}(t)N_i(t) \;&\Leftrightarrow\; p_i(t)(t-N_i(t))=(1-p_i(t))N_i(t) \\ &\Leftrightarrow\; N_i(t)=tp_i(t) \end{aligned} \tag{3.14}$$

となる場合であり，アーム i を全体 t 回のうち割合 $p_i(t)$ だけ選択している状態が最適なバランスであることがわかります．さて，$p_i(t)$ の計算は次節で述べるように一般に困難ですが，その代わりに各時刻に確率 $p_i(t)$ でアーム i を引くことで，$N_i(t) \approx tp_i(t)$ という状態が近似的に実現されることを期待できます．このことから，確率一致法は「期待値最大でないアームの選択数の期待値を（近似的に）最小化する」という方策だと解釈できます．

3.5.2 トンプソン抽出

ソフトマックス法において各アームが期待値最大である確率が $\mathrm{e}^{\hat{\mu}_i/\tau}$ に比例すると考えるのはあくまで主観的なものであり，これは標本平均 $\hat{\mu}_i$ が何個のサンプルからのものなのか考慮していないため，確率的バンディットの

枠組みではあまり高性能となりません．そこで，確率一致法をベイズ統計の枠組みで定式化するのが**トンプソン抽出** (Thompson sampling) です．

トンプソン抽出では，期待値パラメータ μ_i が何らかの事前分布 $\pi_i(\mu_i)$ から生成されていると考えます．事前分布は自由にプレイヤーが設定するものですが，例えばベルヌーイ分布モデル $\{\mathrm{Ber}(\mu) : \mu \in [0,1]\}$ では，計算を容易にするために共役事前分布であるベータ分布 $\mathrm{Beta}(\alpha,\beta)$ を用いるのが一般的です．ここでベータ分布 $\mathrm{Beta}(\alpha,\beta)$ はベータ関数 $\mathrm{B}(\alpha,\beta)$ を用いて確率密度が

$$f(x;\alpha,\beta) = \frac{x^{\alpha-1}(1-x)^{\beta-1}}{\mathrm{B}(\alpha,\beta)}$$

と表される分布です．

以上のベータ事前分布のもとで，時刻 t までの観測 $\mathcal{H}(t) = \{X_{i(s)}(s)\}_{s=1}^{t-1}$ が得られたときの真の期待値 μ_i の事後分布 $\pi_i(\mu_i|\mathcal{H}(t))$ を考えます．時刻 t までにアーム i を $N_i(t) = n_i$ 回引き，報酬として $X_i(t) = 1$ が m_i 回，0 が $n_i - m_i$ 回得られたとします．このときベイズ統計の基本的な計算により，n_i 個のサンプルが得られたもとでの真の期待値 μ_i の事後分布は

$$\pi_i(\mu_i|\mathcal{H}(t)) = \mathrm{Beta}(\alpha + m_i, \beta + n_i - m_i) \tag{3.15}$$

となります．同様に，報酬の確率分布モデルとして指数型分布族を考えた場合には，共役事前分布を仮定したもとで真のパラメータの事後分布は再び（異なるパラメータの）同じ関数形の分布となります．

さて，確率一致法とは「そのアームが期待値最大である確率」に従って引くアームをランダムに選択するものでした．では，上記のベイズ統計の設定のもとで各アームはどのような確率で選択すればよいでしょうか．「アーム i の期待値が最大」というのは「いずれかの $x \in [0,1]$ で $\mu_i = x$，かつすべての $j \neq i$ で $\mu_j \leq x$」という命題と同値ですから，これは

$$\pi(\mu_i = \mu^*|\mathcal{H}(t)) = \int_0^1 \pi_i(x_i|\mathcal{H}(t)) \left(\prod_{j \neq i} \int_0^{x_i} \pi_j(x_j|\mathcal{H}(t)) \mathrm{d}x_j \right) \mathrm{d}x_i \tag{3.16}$$

と表されます．この積分計算は，ベルヌーイ分布モデルのように事後分布が

陽に表現できる場合ですら一般に計算困難です．

一方，確率一致法で必要なのは「それぞれのアームが選ばれる確率がそのアームが期待値最大である事後確率と等しい」ということであり，実際にその事後確率 (3.16) を計算することは本質的ではありません．そこで次の手続きを考えます．

1) 乱数 $\tilde{\mu}_i$ を μ_i の事後分布 $\pi(\mu_i|\mathcal{H}(t))$ に従って生成する．
2) $\tilde{\mu}_i$ を最大にするアーム i を引く．

この手続きでは式 (3.16) の計算を行っていませんが，各アーム i を引く確率がちょうど式 (3.16) と等しくなることが容易にわかります *4.

例えばベルヌーイ分布モデルに対して共役事前分布 $\mathrm{Beta}(\alpha,\beta)$ を用いる場合のトンプソン抽出は，**アルゴリズム 3.4** のように実装されます．この

アルゴリズム 3.4 ベルヌーイ分布モデル上のトンプソン抽出

パラメータ： $\alpha > 0, \beta > 0$.
1: 各 i について $n_i \leftarrow 0$, $m_i \leftarrow 0$.
2: **for** $t = 1, 2, \ldots, T$ **do**
3: 　$\tilde{\mu}_i$ をベータ分布 $\mathrm{Beta}(\alpha + m_i,\ \beta + n_i - m_i)$ からランダムに生成.
4: 　$i \leftarrow \mathrm{argmax}_{i \in \{1,2,\ldots,K\}}\, \tilde{\mu}_i$.
5: 　アーム i を引いて報酬 $X_i(t) \in \{0, 1\}$ を観測.
6: 　$n_i \leftarrow n_i + 1$, $m_i \leftarrow m_i + X_i(t)$.
7: **end for**

*4 トンプソン抽出の名称は 1933 年のトンプソンの論文 [64] にちなむものですが，この論文自体は式 (3.14) のバランスを達成するために式 (3.16) を求めることを目指したものであり，この手続きを明示的に提案したものではありません．

アルゴリズムで必要なのはそれぞれのアームの期待値の事後サンプル $\tilde{\mu}_i$ を（例えば）ベータ分布に従って生成することだけであり，多くのプログラミング言語の標準のライブラリにより実装できます．ここでパラメータ α, β は事前分布の形を指定するものであり，その期待値は $\alpha/(\alpha+\beta)$，分散は $\frac{\alpha\beta}{(\alpha+\beta)^2(\alpha+\beta+1)}$ で与えられます．真の μ_i について特に事前知識がない場合は，一様事前分布 $\alpha = \beta = 1$ といった無情報事前分布を用いるのが一般的です．

なお，指数型分布族以外の確率モデルあるいは有限個のパラメータで表現されないモデル（例えば区間 $[0,1]$ 上の確率分布全体の集合）では，一般に事後分布が陽には求まりません．この場合は何らかの近似計算が必要となりますが，事後分布の計算自体は統計や機械学習において一般的なテーマであり，バンディット問題特有の問題を深く考えずに実装可能かつ経験的にも高性能となる場合が多いのがトンプソン抽出の大きな利点となります．実際にいくつかのモデルに対してはトンプソン抽出が理論限界を達成可能であることが示されています．

定理 3.7（トンプソン抽出のリグレット上界）

$\mu^* \neq 1$ とし，$\epsilon \in (0, \min_{i \neq i^*} \Delta_i/3)$ を任意にとる．ベルヌーイ分布モデルのもとで，事前分布 $\mathrm{Beta}(1,1)$ を用いるトンプソン抽出は

$$\mathbb{E}[\mathrm{regret}(T)] \leq \sum_{i \neq i^*} \frac{\Delta_i \log T}{d(\mu_i + \epsilon, \mu^* - 2\epsilon)} + C_\epsilon$$

を満たす．ここで，$C_\epsilon > 0$ は $\epsilon, \{\mu_i\}_{i \in \{1,2,\ldots,K\}}$ に依存するが T に依存しない定数である．したがって $\epsilon \to 0$ とすることで

$$\mathbb{E}[\mathrm{regret}(T)] \leq \sum_{i \neq i^*} \frac{\Delta_i \log T}{d(\mu_i, \mu^*)} + \mathrm{o}(\log T)$$

が成り立つ．

定理 3.7 の証明および C_ϵ の具体的な形は 4 章で与えます（58 ページ参照）．

3.5.3 トンプソン抽出と UCB 方策の関係

UCB 方策では信頼区間を構成する際の有意水準として $1/t$ を用いており，これはリグレットの理論限界 $\mathrm{O}(\log t)$ の微分として導かれる量と解釈できました．一方，トンプソン抽出ではこのような理論限界の議論を一切介しておらず，それにもかかわらず理論限界を達成できる理由は UCB 方策に比べるとやや自明ではありません．以下ではその理由を簡易的に議論します．

時刻 t までに得られたサンプルのもとで，あるアーム i が期待値最大である事後確率を $p_i(t)$ とし，これが時刻 t 付近ではあまり変化せず $p_i(t) = p_i$ と表せると仮定します．トンプソン抽出はこのアームを確率 p_i で引くため，そのアームが次に引かれるまでの待ち時間は平均 $1/p_i$ となります．したがって，トンプソン抽出は「アーム i を前回引いてから時間 $1/p_i$ だけ経過したら次にアーム i を再度引く」という方策とほぼ同等だとみなせます．

一方，実際には期待値最大でないアームについては，プレイヤーからみた事後確率 p_i はサンプル数 n_i に対して指数関数的に減少することがいえ，そのため待ち時間 $1/p_i$ は指数関数的に増加していきます．このことから，トンプソン抽出の「アーム i を前回引いてから時間 $1/p_i$ だけ経過したら次にアーム i を再度引く」という性質は，「時刻 t が $1/p_i$ に達したら次にアーム i を引く」という方策とほとんど同等となります．

以上の議論より，トンプソン抽出とは $t \geq 1/p_i$，すなわち $p_i \geq 1/t$ となるアームを引く方策とほとんど同等であり，UCB 方策とトンプソン抽出は有意水準（尤度）と事後確率という違いはあるものの，いずれも「期待値最大である“確率”が $1/t$ 以上のアームを選ぶ」という方策であるとみなせます．一方，UCB 方策ではヘフディングの不等式やチェルノフ・ヘフディングの不等式といった確率の上界式を用いているのに対し，トンプソン抽出では乱択アルゴリズムを用いることによって事後確率 (3.16) を厳密に計算するのとまったく同等な動作を実現しており，確率の過大評価に伴う余分な探索がないぶん有限の試行回数でよりよい性能を達成することができます．

3.6 最悪時の評価

定理 3.4 の式 (3.8) で述べた UCB 方策のリグレット上界は，例えばすべての $i \neq i^*$ で $\Delta_i = \Delta$ となる場合には $\epsilon = \Delta/3$ とすると

$$\mathbb{E}[\mathrm{regret}(T)] \le \frac{9K}{2\Delta}\log T + \frac{27K}{2\Delta} + \frac{9K\log\frac{9}{2\Delta^2}}{4\Delta}$$

と表せ，適切な（T, Δ に依存しない）定数 $c_1, c_2 > 0$ をとると

$$\mathbb{E}[\mathrm{regret}(T)] \le \frac{c_1 K}{\Delta}\log T + \frac{c_2 K\log\frac{1}{\Delta}}{\Delta} \tag{3.17}$$

と抑えることができます．式 (3.17) は Δ を定数として十分大きい T を考えたときには $\mathrm{O}(\log T)$ のオーダーとみなすことができますが，T を固定して $\Delta \to 0$ とした場合は発散してしまい無意味なリグレット上界となります．この意味で式 (3.3) や式 (3.9) のような形のリグレット評価の枠組みを**問題依存リグレット上界** (problem-dependent regret bound) といいます．

このように Δ が T に対して非常に小さな場合（あるいは K が非常に大きい場合）の性能を評価するために，分布のパラメータ $\{\mu_i\}$ に依存しない形のリグレット上界を考える場合がしばしばあります．これは**問題非依存リグレット上界** (problem-independent regret bound) または T を固定して $\{\mu_i\}$ について最悪の場合を考えるという意味で**最悪時リグレット上界** (worst-case regret bound) とよばれます．

3.6.1 最悪時の評価例

議論を簡単にするため，上記の例と同様にすべての $i \ne i^*$ で $\Delta_i = \Delta > 0$ という場合を考えます．このとき，1 回の選択で生じるリグレットは高々 Δ ですから，T 回の選択でのリグレットは自明に $\mathrm{regret}(T) \le \Delta T$ と抑えることができます．したがって，UCB 方策のリグレット上界 (3.17) は

$$\mathbb{E}[\mathrm{regret}(T)] \le \min\left\{\frac{c_1 K}{\Delta}\log T + \frac{c_2 K\log\frac{1}{\Delta}}{\Delta},\ \Delta T\right\}$$

と改良できます．したがって，$\Delta \le \sqrt{\frac{K\log T}{T}}$ の場合には

$$\mathbb{E}[\mathrm{regret}(T)] \le \Delta T \le \sqrt{KT\log T}$$

となり，逆に $\Delta > \sqrt{\frac{K\log T}{T}}$ の場合には

$$\mathbb{E}[\mathrm{regret}(T)] \le \frac{c_1 K}{\Delta}\log T + \frac{c_2 K\log\frac{1}{\Delta}}{\Delta}$$

$$< c_1\sqrt{KT\log T} + \frac{\frac{c_2\sqrt{KT}}{2}\log\frac{T}{K\log T}}{\sqrt{\log T}}$$
$$\le c_1\sqrt{KT\log T} + \frac{c_2\sqrt{KT\log T}}{2}$$

となり，これらを合わせると

$$\mathbb{E}[\mathrm{regret}(T)] \le \max\left\{1, c_1 + \frac{c_2}{2}\right\}\sqrt{KT\log T} \tag{3.18}$$

という UCB 方策の Δ に依存しないリグレット上界が得られます．より一般に，Δ_i が i によって異なる場合も式 (3.17) をわずかに精密化することで，ほとんど同様に $\mathrm{O}(\sqrt{KT\log T})$ の上界を導くことができます．

またベルヌーイ分布上のトンプソン抽出についても，ベータ事前分布のもとで $\mathrm{O}(\sqrt{KT\log T})$ のリグレットを達成できます．また最悪時解析に適した別の事前分布を用いることにより，（事後分布の計算が複雑になるものの）$\mathrm{O}(\sqrt{KT\log K})$ のリグレット上界が達成できることも示されており [2]，こちらは $T > K$ の場合にはよりよい上界となります．

3.6.2 最悪時での最適方策

最悪時リグレットは 5 章で考える敵対的バンディット問題と密接な関連があり，系 5.10 では敵対的バンディットの設定において擬リグレット $\overline{\mathrm{Regret}}(T) = \mathbb{E}[\mathrm{regret}(T)]$ がどのような方策を用いても最悪時では $\Omega(\sqrt{KT})$ となることを証明します．この証明では確率的バンディットの設定，すなわち各アームからの報酬がそれぞれ独立にベルヌーイ分布に従うという状況のみを考えているため，このリグレット下界 $\Omega(\sqrt{KT})$ は確率的バンディットの設定における最悪時リグレットの下界としても成立します．したがって，UCB のリグレット上界 (3.18) は，この下界よりも $\mathrm{O}(\sqrt{\log T})$ だけ（最悪時の意味では）悪いことがわかります．

ここで敵対的バンディットの設定を含めて $\mathrm{O}(\sqrt{KT})$ のリグレット上界を達成する戦略の構成は 5.6 節で述べるように非常に複雑ですが，確率的バンディットの設定のみを考えた場合には，この上界を達成する方策を比較的容易に構成することができます．

MOSS 方策 (Minimax Optimal Strategy in the Stochastic case) は UCB

スコア (3.7) における標本平均からの補正項 $\sqrt{\frac{\log t}{2N_i(t)}}$ を

$$\sqrt{\frac{\log \frac{T}{KN_i(t)}}{N_i(t)}} \tag{3.19}$$

に置き換えた方策であり [*5]，これを用いることにより

$$\mathbb{E}[\mathrm{regret}(T)] \leq 49\sqrt{KT}$$

という最悪時リグレットを達成できます [4]．ただし，MOSS 方策について知られている問題依存リグレット上界は $\mathrm{O}((K^2 \log T)/\Delta)$ であり，$\log T$ の係数部が $\mathrm{O}(K^2)$ と非常に悪くなります．ここで MOSS 方策のスコアの補正項 (3.19) をさらに改良することで，$\mathrm{O}(\sqrt{KT})$ の最悪時リグレットを達成しつつ

$$\mathbb{E}[\mathrm{regret}(T)] \leq \mathrm{O}\left(\frac{K \log T}{\Delta}\right) \tag{3.20}$$

の問題依存リグレットを達成する方策が提案されていますが [49]，こちらの場合も式 (3.20) のオーダー表記に隠れた係数部分は比較的大きくなります．$\mathrm{O}(\sqrt{KT})$ の問題非依存リグレットを達成しつつ式 (3.3) の問題依存リグレット下界を係数部まで達成する方策が構成可能かはよくわかっていません．

このように，問題依存リグレットを小さくすることと最悪時リグレットを小さくすることが完全に両立可能かどうかは現状ではわかっていないため，そのどちらを目指す方策を用いるかは事前に考えるべき問題となります．その際に理解しておく必要があるのが，最悪時リグレット上界がどのような状況を想定しているかということです．

一般に最悪時リグレット上界が実際のリグレットと近くなるのは，式 (3.18) の議論からもわかるように，（対数項を無視すれば）$\Delta \approx \sqrt{K/T}$ 程度となる場合に限られます．この Δ は T がある程度大きい場合には極めて小さい値となるため，最悪時リグレットが小さい方策というのは，Δ が非常に小さい可能性を重要視してその場合のリグレットを小さくしようとする方策とみなせます．一方，Δ が非常に小さい場合に期待値最大のアームを区別

---

*5　これまでに考えた UCB 方策やトンプソン抽出などと異なり，一般に最悪時リグレットを小さく抑えるタイプの方策は終了時刻 T を事前に知っていることを前提とします．

できるかというのは実用上あまり興味がない場合も多く，そのような場合には最悪時リグレット最小化のための方策はあまり適しません．逆にアームの数 K が比較的大きい場合は問題依存リグレット最小化のための方策は収束が遅くなりやすく，この場合は最悪時リグレット最小化のための方策が高性能となります．

Chapter 4

確率的バンディット問題のリグレット解析

本章では確率的バンディット問題におけるアルゴリズムの性能評価を行う一般的な枠組みを紹介し，それによって「よい」バンディットアルゴリズムが満たすべき条件について説明します．また，この枠組みに基づき，実際に前章で紹介したアルゴリズムのリグレット上界を与えます．

3 章では，UCB やトンプソン抽出といった方策が，いずれも「期待値最大である有意水準あるいは事後確率が $1/t$ 以上のアームを引く」と解釈することができることを説明しました．これらの直感的な理解はより広義のバンディット問題のクラスにも適用可能であり，そういった問題に対して高性能となる方策のアイディアを得るためには大変有用ですが，その具体的な性能評価にはもう少し詳細な議論が必要となります．本章ではベルヌーイ分布モデルを例に，確率的バンディット問題におけるリグレット解析の基本的な考え方を説明し，それを用いて UCB 方策とトンプソン抽出の理論評価を行います．

4.1 リグレットの分解

リグレット解析においては，多くの場合「標本平均といった各推定値が収束した後」「収束する前」と状況別にリグレットを評価します．

前者におけるリグレットは評価が比較的容易であり，また多くの方策ではリグレット全体の主要項となります．一方で後者におけるリグレットはやや評価が難しくなりますが，その大小は前者の状況における挙動からある程度推測することができます．

4.1.1　収束後の挙動

リグレット解析で最初に考えるべきなのが収束後の挙動です．まず例として，ヘフディングの不等式に基づく UCB スコア

$$\overline{\mu}_i(t) = \hat{\mu}_i(t) + \sqrt{\frac{\log t}{2N_i(t)}} \tag{4.1}$$

を最大にするアームを引く UCB 方策を考えます．各アーム i を十分多く引いて $\hat{\mu}_i \approx \mu_i$ と収束したとき，期待値最大のアーム i^* の UCB スコアは $\overline{\mu}_{i^*}(t) \gtrsim \mu^*$ となりますから，それ以外のアーム $i \neq i^*$ が引かれるのは

$$\begin{aligned} \overline{\mu}_i(t) \gtrsim \overline{\mu}_{i^*}(t) \quad &\Rightarrow \quad \mu_i + \sqrt{\frac{\log t}{2N_i(t)}} \gtrsim \mu^* \\ &\Leftrightarrow \quad N_i(t) \lesssim \frac{\log t}{2\Delta_i^2} \end{aligned}$$

が成り立つ場合に限られます．したがって，少なくとも $\hat{\mu}_i$ が収束した後のリグレットは証明すべき上界 (3.9) と一致していることがわかります．

また 3.5.3 節で述べたように，トンプソン抽出は UCB 方策における尤度を事後確率に置き換えたものとほとんど同等となります．そこで，その事後確率を 4.4.1 節で与えるようにチェルノフ・ヘフディングの不等式のような指数関数的な形で評価することで，UCB 方策と同様の評価手法を用いることができます．

さらに，アルゴリズム 3.3 で述べた DMED 方策では，より解析が直接的です．DMED 方策は標本平均最大でないアーム i のうち

$$N_i(t) \leq \frac{\log t}{d(\hat{\mu}_i(t), \hat{\mu}^*(t))}$$

となるものを引く方策なので，各標本平均 $\hat{\mu}_i$ が真の期待値に収束した場合は

$$N_i(t) \lesssim \frac{\log t}{d(\mu_i, \mu^*)} \tag{4.2}$$

であるときのみアーム i が引かれます．したがって，$N_i(t)$ が式 (4.2) 右辺（これは理論限界 (3.4) と一致しています）を大きくは上回らないことがわかります．

さて，上記のように評価される「推定値の収束後に生じるリグレット」は任意に小さい値を達成する方策が容易に構成可能です．例えば，式 (4.1) で与えられていた UCB スコアを

$$\overline{\mu}'_i(t) = \hat{\mu}_i(t) + \sqrt{\frac{\log t}{100N_i(t)}} \tag{4.3}$$

と変更した方策を考えます．するとまったく同じ議論により，この方策では各 $\hat{\mu}_i$ の収束後にアーム $i \neq i^*$ を引く回数が

$$N_i(t) \lesssim \frac{\log t}{100\Delta_i^2} \tag{4.4}$$

という非常に小さな値になることがわかります．一方，例えば $\mu_i \approx \mu^* = 1/2$ のとき，2 次近似より $d(\mu_i, \mu^*) = 2\Delta_i^2 + \mathrm{o}(\Delta_i^2)$ が成り立ちますから，式 (4.4) は定理 3.2 で与えられる（一貫性の仮定のもとでの）理論限界より小さい値となってしまいます．そのため，この方策は理論限界の前提である一貫性を満たさない，すなわち $\{\mu_i\}_{i=1}^K$ の値によってはリグレットが多項式オーダーとなる可能性が強く示唆されます．この議論は各推定値の収束後の挙動のみを考えており，収束前を含めたリグレットが実際に理論限界より小さくなってしまうかは個別の議論が必要ですが，一般に収束後の挙動が理論限界より小さくなるような方策のほとんどは一貫性を満たしません [*1]．

このように，単に収束後の挙動を考えることでその方策の挙動全体をある程度予想することができるため，何らかの未知の方策を与えられたときにはまずこの部分を考えることが有効となります．

4.1.2 収束前の挙動

評価が若干難しくなるのが推定値が収束する前の挙動です．推定値が真の

---

*1 実際，式 (4.3) の UCB スコアを用いた方策は一貫性を満たさないことを示すことができます．

値に収束していないケースというのは大まかに分類すると

1. 期待値最大のアーム i^* の標本平均 $\hat{\mu}_{i^*}$ が偶然大きくなった,
2. 期待値最大のアーム i^* の標本平均 $\hat{\mu}_{i^*}$ が偶然小さくなった,
3. 期待値最大でないアーム $i \neq i^*$ の標本平均 $\hat{\mu}_i$ が偶然大きくなった,
4. 期待値最大でないアーム $i \neq i^*$ の標本平均 $\hat{\mu}_i$ が偶然小さくなった

の4つ（あるいはそれらのうち複数）が考えられますが，バンディット問題において本質的に問題となるのはケース2のみとなります．

まずケース1の場合，アーム i^* はより優れたアームとみなされるため，それ以外のアーム $i \neq i^*$ はより引かれにくくなります．したがって，この事象のためにリグレットが減ることはあっても増えることはありません．ケース4も同様で，この場合ではアーム $i \neq i^*$ はより引かれにくくなるため，リグレットが増えることはありません．一方ケース3の場合では，アーム $i \neq i^*$ がより優れたアームであるかのようにみえるため，よりアーム i が多く引かれてしまいます．しかし，これはアーム i からのサンプル数が増えることを意味しているため，$\hat{\mu}_i$ は速やかに μ_i に収束することになりリグレットは過度には増えません．

残ったケース2がバンディット問題の解析で最も難しくなる部分です．この場合では，期待値最大のアームがより劣ったアームにみえるため，それ以外のアームが相対的に多く引かれリグレットが増加します．さらにアーム i^* が引かれにくくなるため，その推定量 $\hat{\mu}_{i^*}$ が真値に収束するまで大きな時間を要することになり，その間に大きなリグレットが生じてしまいます．

このときのリグレットをもう少し具体的に議論します．アーム i^* を n 回引いた後にその標本平均が $\hat{\mu}_{i^*,n} = \mu < \mu^*$ となる確率は $\mathrm{e}^{-nd(\mu,\mu^*)}$ 程度ですが，典型的な（一貫性をもつ）方策をとった場合には，アーム i^* が次に引かれるまでの時間がある $a > 0$ に対して高々 $\mathrm{e}^{n(d(\mu,\mu^*)-a)}$ 程度となることを示すことができます．すると，「アーム i^* からのサンプル n 個の標本平均が偶然 $\mu < \mu^*$ となる」という事象のリグレットへの寄与は $\mathrm{e}^{-nd(\mu,\mu^*)} \times \mathrm{e}^{n(d(\mu,\mu^*)-a)} = \mathrm{e}^{-na}$ となり，これはサンプル数 n について和をとったものを定数オーダーで抑えることができます．一方，例えば式 (4.4)

のような過度に楽観的な方策を用いてしまうと，待ち時間が $\mathrm{e}^{n(d(\mu,\mu^*)+a)}$ のような値となり，n に関して指数オーダーの期待リグレットが生じることになります．

以上のことから「パラメータが収束後か収束前か」という場合分けは実際には「ケース 2 が発生しているかどうか」を考えるだけでほとんど十分です．以降の UCB 方策およびトンプソン抽出の解析では，この観点に基づいてリグレットを (A) と (B) という形に分解しています．

4.2 累積分布関数と期待値

2 章では裾確率を抑える不等式をいくつか紹介しましたが，実際のリグレット解析では裾確率ではなく，それらの期待値への寄与の評価がしばしば必要になります．

例えば，非負整数値をとる確率変数 $X \in \{0, 1, 2, \ldots\}$ が各 $i = 1, 2, \ldots$ で $\mathbb{P}[X \geq i] \leq f_i$ を満たすとし，f_i を用いて期待値 $\mathbb{E}[X]$ を評価することを考えます．このとき $X = \sum_{i=1}^{\infty} \mathbb{1}[X \geq i]$ と表されることから

$$\mathbb{E}[X] = \sum_{i=1}^{\infty} \mathbb{P}[X \geq i] \leq \sum_{i=1}^{\infty} f_i$$

と累積確率の和を用いて期待値が評価できます．

より一般に整数に限らない非負値をとる確率変数 $X \in [0, \infty)$ に関しても，刻み幅 $\Delta > 0$ で離散化することで $X \leq \Delta + \Delta \sum_{i=1}^{\infty} \mathbb{1}[X \geq i\Delta]$ がいえ，

$$\mathbb{E}[X] \leq \Delta + \Delta \sum_{i=1}^{\infty} \mathbb{P}[X \geq i\Delta]$$

が得られます．そこで $\Delta \to 0$ とすることにより，

$$\mathbb{E}[X] \leq \int_0^{\infty} \mathbb{P}[X \geq x] \mathrm{d}x$$

が（形式的には）導かれます．以上の議論は部分積分の導出とまったく同じであり，より一般的な形として次の評価式がよく用いられます．

補題 4.1（累積分布関数による期待値の評価）

任意の $a \in \mathbb{R}$ をとり，確率変数 $X \in \mathbb{R}$ と関数 $G(x) : \mathbb{R} \to \mathbb{R}$ が $x \le a$ で $\mathbb{P}[X \le x] \le G(x)$ を満たすとする．このとき $(-\infty, a]$ 上の任意の滑らかな非負単調非増加関数 $\phi(x)$ について

$$\mathbb{E}[\mathbb{1}[X \le a]\phi(X)] \le \phi(a)G(a) + \int_{-\infty}^{a} (-\phi'(x))G(x)\mathrm{d}x$$

が成り立つ．ただし $\phi'(x) = \mathrm{d}\phi(x)/\mathrm{d}x$ である．

証明. $F(x) = \mathbb{P}[X \le x]$ とする．このとき部分積分を用いると

$$\begin{aligned}\mathbb{E}[\mathbb{1}[X \le a]\phi(X)] &= \int_{-\infty}^{a} \phi(x)\mathrm{d}F(x) \\ &= [\phi(x)F(x)]_{-\infty}^{a} + \int_{-\infty}^{a} (-\phi'(x))F(x)\mathrm{d}x \\ &\le \phi(a)G(a) + \int_{-\infty}^{a} (-\phi'(x))G(x)\mathrm{d}x\end{aligned}$$

が得られる． □

このように累積分布関数の上界や下界が与えられた際に部分積分を用いて期待値を評価する手法は，確率変数 X が離散・連続いずれの場合も適用可能であり大変有用です．

4.3 UCB 方策の性能解析

本節では，4.1 節で述べたリグレットの分解に基づき，定理 3.4 で与えた UCB 方策のリグレット上界の具体的な導出を行います．

定理 3.4 の証明. 時刻 t でアーム i が引かれるという事象は $i(t) = i$ と表され，その生起回数は UCB スコアの最大値 $\overline{\mu}^*(t) = \max_{i\in\{1,2,\dots,K\}} \overline{\mu}_i(t)$ に

応じて場合分けをすることにより

$$
\begin{aligned}
&N_i(T+1) \\
&= \sum_{t=1}^{T} \mathbb{1}[i(t)=i] \\
&= \underbrace{\sum_{t=1}^{T} \mathbb{1}[i(t)=i,\, \overline{\mu}^*(t) \ge \mu^* - \epsilon]}_{\text{(A)}} + \underbrace{\sum_{t=1}^{T} \mathbb{1}[i(t)=i,\, \overline{\mu}^*(t) < \mu^* - \epsilon]}_{\text{(B)}} \quad (4.5)
\end{aligned}
$$

と分解できる．

まず (A) 項を考える．考える事象をアーム i の選択数で場合分けすると

$$
\text{(A)} = \sum_{n=1}^{T} \sum_{t=1}^{T} \mathbb{1}[i(t)=i,\, \overline{\mu}^*(t) \ge \mu^* - \epsilon, N_i(t)=n]
$$

が成り立つが，事象 $\{N_i(t)=n,\, i(t)=i\}$，すなわち「それまでにアーム i をちょうど n 回選んだ状態で新たにアーム i を選ぶ」という事象は高々 1 回しか起こらないため，これは

$$
\text{(A)} \le \sum_{n=1}^{T} \mathbb{1}\left[\bigcup_{t=1}^{T} \{i(t)=i,\, \overline{\mu}^*(t) \ge \mu^* - \epsilon, N_i(t)=n\}\right]
$$

と変形することができる．さて $i(t)=i$ となるためには $\overline{\mu}_i(t) = \overline{\mu}^*(t)$ が必要であるから，$\overline{\mu}_i(t) = \hat{\mu}_i(t) + \sqrt{\frac{\log t}{2N_i(t)}}$ を用いると次式が得られる．

$$
\begin{aligned}
\text{(A)} &\le \sum_{n=1}^{T} \mathbb{1}\left[\bigcup_{t=1}^{T} \{\overline{\mu}_i(t) = \overline{\mu}^*(t) \ge \mu^* - \epsilon, N_i(t)=n\}\right] \\
&\le \sum_{n=1}^{T} \mathbb{1}\left[\bigcup_{t=1}^{T} \left\{\hat{\mu}_i(t) + \sqrt{\frac{\log t}{2n}} \ge \mu^* - \epsilon, N_i(t)=n\right\}\right] \\
&\le \sum_{n=1}^{T} \mathbb{1}\left[\hat{\mu}_{i,n} + \sqrt{\frac{\log T}{2n}} \ge \mu^* - \epsilon\right]
\end{aligned}
$$

$$
\leq \sum_{n=1}^{\left\lfloor \frac{\log T}{2(\Delta_i - 2\epsilon)^2} \right\rfloor} 1 + \sum_{n=\left\lfloor \frac{\log T}{2(\Delta_i - 2\epsilon)^2} \right\rfloor + 1}^{T} \mathbb{1}\left[\hat{\mu}_{i,n} + \sqrt{\frac{\log T}{2 \cdot \frac{\log T}{2(\Delta_i - 2\epsilon)^2}}} \geq \mu^* - \epsilon\right]
$$

$$
\leq \frac{\log T}{2(\Delta_i - 2\epsilon)^2} + \sum_{n=\left\lfloor \frac{\log T}{2(\Delta_i - 2\epsilon)^2} \right\rfloor + 1}^{T} \mathbb{1}[\hat{\mu}_{i,n} \geq \mu_i + \epsilon].
$$

以上から，ヘフディングの不等式および等比数列の和の公式を用いると

$$
\begin{aligned}
\mathbb{E}[(\mathrm{A})] &\leq \frac{\log T}{2(\Delta_i - 2\epsilon)^2} + \sum_{n=1}^{\infty} \mathbb{P}[\hat{\mu}_{i,n} \geq \mu_i + \epsilon] \\
&\leq \frac{\log T}{2(\Delta_i - 2\epsilon)^2} + \sum_{n=1}^{\infty} \mathrm{e}^{-2n\epsilon^2} \\
&= \frac{\log T}{2(\Delta_i - 2\epsilon)^2} + \frac{1}{\mathrm{e}^{2\epsilon^2} - 1} \leq \frac{\log T}{2(\Delta_i - 2\epsilon)^2} + \frac{1}{2\epsilon^2} \qquad (4.6)
\end{aligned}
$$

が得られる．ここで $\mathrm{e}^{-x} \geq 1 - x$ を用いた．

次に (B) 項を評価する．UCB スコアの定義より

$$
\begin{aligned}
\{\overline{\mu}_{i^*}(t) < \mu^* - \epsilon\} &\Leftrightarrow \left\{\hat{\mu}_{i^*}(t) + \sqrt{\frac{\log t}{2N_{i^*}(t)}} < \mu^* - \epsilon\right\} \\
&\Leftrightarrow \left\{t < \mathrm{e}^{2N_{i^*}(t)(\hat{\mu}_{i^*}(t) - \mu^* + \epsilon)^2},\ \hat{\mu}_{i^*}(t) < \mu_{i^*} - \epsilon\right\}
\end{aligned}
$$

が成り立つから，アーム i^* の選択数 $N_{i^*}(t)$ で場合分けを行うことにより

$$
\begin{aligned}
(\mathrm{B}) &\leq \sum_{t=1}^{T} \mathbb{1}\left[\overline{\mu}_{i^*}(t) < \mu^* - \epsilon\right] \\
&\leq \sum_{n=1}^{T} \sum_{t=1}^{T} \mathbb{1}\left[\overline{\mu}_{i^*}(t) < \mu^* - \epsilon, N_{i^*}(t) = n\right] \\
&\leq \sum_{n=1}^{T} \sum_{t=1}^{T} \mathbb{1}\left[t < \mathrm{e}^{2n(\hat{\mu}_{i^*,n} - \mu^* + \epsilon)^2},\ \hat{\mu}_{i^*,n} < \mu^* - \epsilon\right] \\
&\leq \sum_{n=1}^{T} \mathrm{e}^{2n(\hat{\mu}_{i^*,n} - \mu^* + \epsilon)^2} \mathbb{1}\left[\hat{\mu}_{i^*,n} < \mu^* - \epsilon\right]
\end{aligned}
$$

が得られる．

ここで $\hat{\mu}_{i^*,n}$ の累積分布関数を $P_n(x) = \mathbb{P}[\hat{\mu}_{i^*,n} \le x]$ とすると，ヘフディングの不等式より $x \le \mu^*$ に対して $P_n(x) \le \mathrm{e}^{-2n(x-\mu^*)^2}$ が成り立つ．したがって，補題 4.1 において $X := \hat{\mu}_{i^*,n}$, $\phi(x) := \mathrm{e}^{2n(x-\mu^*+\epsilon)^2}$ とすることにより次式が得られる．

$$
\begin{aligned}
\mathbb{E}[(\mathrm{B})] &\le \sum_{n=1}^{T} \mathbb{E}\left[\phi(\hat{\mu}_{i^*,n})\mathbb{1}[\hat{\mu}_{i^*,n} \le \mu^* - \epsilon]\right] \\
&\le \sum_{n=1}^{T} \left(\mathrm{e}^{-2n\epsilon^2}\phi(\mu^* - \epsilon) + \int_{-\infty}^{\mu^*-\epsilon} (-\phi'(x))\mathrm{e}^{-2n(x-\mu^*)^2}\mathrm{d}x\right) \\
&= \sum_{n=1}^{T} \left(\mathrm{e}^{-2n\epsilon^2} + 4n\mathrm{e}^{-2n\epsilon^2}\int_{-\infty}^{\mu^*-\epsilon} (\mu^* - \epsilon - x)\mathrm{e}^{4n\epsilon(x-\mu^*+\epsilon)}\mathrm{d}x\right) \\
&= \sum_{n=1}^{T} \mathrm{e}^{-2n\epsilon^2}\left(1 + 4n\left[\frac{(\mu^* - \epsilon - x)\mathrm{e}^{4n\epsilon(x-\mu^*+\epsilon)}}{4n\epsilon} + \frac{\mathrm{e}^{4n\epsilon(x-\mu^*+\epsilon)}}{(4n\epsilon)^2}\right]_{-\infty}^{\mu^*-\epsilon}\right) \\
&= \sum_{n=1}^{T} \mathrm{e}^{-2n\epsilon^2}\left(1 + \frac{1}{4n\epsilon^2}\right) \\
&\le \frac{1}{\mathrm{e}^{2\epsilon^2} - 1} + \frac{-\log(1 - \mathrm{e}^{-2\epsilon^2})}{4\epsilon^2} \qquad \left(\because -\log(1-x) = \sum_{n=1}^{\infty}\frac{x^n}{n}\right) \\
&= \frac{1}{\mathrm{e}^{2\epsilon^2} - 1} + \frac{2\epsilon^2 + \log\frac{1}{\mathrm{e}^{2\epsilon^2}-1}}{4\epsilon^2} \\
&\le \frac{1}{2} + \frac{1}{2\epsilon^2} + \frac{\log\frac{1}{2\epsilon^2}}{4\epsilon^2} \le \frac{1}{\epsilon^2} + \frac{\log\frac{1}{2\epsilon^2}}{4\epsilon^2}\,.
\end{aligned} \tag{4.7}
$$

最後に式 (4.5)〜(4.7) と組み合わせることにより

$$
\mathbb{E}[N_i(T+1)] \le \frac{\log T}{2(\Delta_i - 2\epsilon)^2} + \frac{3}{2\epsilon^2} + \frac{\log\frac{1}{2\epsilon^2}}{4\epsilon^2}
$$

が得られ，式 (3.8) が従う．また，$1/(\Delta_i - 2\epsilon)^2 = \Delta_i^{-2} + \mathrm{O}(\epsilon)$ であることから式 (3.9) がただちに得られる． □

4.4 トンプソン抽出の性能解析

トンプソン抽出のリグレット解析はUCB方策に比べて若干長くなりますが，本質的にはUCB方策と同様の分解でリグレット上界を求めることができます．

4.4.1 事後分布の裾確率

トンプソン抽出における事後サンプル $\tilde{\mu}_i(t)$ は，実装上は（共役事前分布を用いた場合であれば）容易に生成することができますが，その確率分布は必ずしもリグレット評価に使いやすい形になっていません．ここでは，ベルヌーイ分布モデルとベータ事前分布を例として事後分布の裾確率を使いやすい形で評価する方法を紹介します．

ベルヌーイ分布 $\mathrm{Ber}(\mu)$ のパラメータ μ がベータ事前分布 $\mathrm{Beta}(\alpha,\beta)$ に従うとします．$\mathrm{Ber}(\mu)$ からのサンプル n 個の標本平均 $\hat{\mu}$ を与えたときの μ の事後分布は $\mathrm{Beta}(n\hat{\mu}+\alpha, n(1-\hat{\mu})+\beta)$ で与えられ，その確率密度はベータ関数 $\mathrm{B}(\cdot,\cdot)$ に対して

$$\frac{\mu^{n\hat{\mu}+\alpha-1}(1-\mu)^{n(1-\hat{\mu})+\beta-1}}{\mathrm{B}(n\hat{\mu}+\alpha, n(1-\hat{\mu})+\beta)}, \quad \mu\in[0,1]$$

となります．例えば $\alpha=\beta=1$, $\hat{\mu}=0.3$ とした場合の μ の事後分布は図 **4.1** で与えられ，このように n が大きい場合の事後分布は $\mu=\hat{\mu}$ 付近にほとんどの確率が集中し，そこから外れた値をとる確率は急速に小さくなります．したがって $\mu\ge a$ となる事後確率

$$p_n(a;\hat{\mu}) := \int_a^1 \frac{x^{n\hat{\mu}+\alpha-1}(1-x)^{n(1-\hat{\mu})+\beta-1}}{\mathrm{B}(n\hat{\mu}+1, n(1-\hat{\mu})+1)}\mathrm{d}x \tag{4.8}$$

は $a>\hat{\mu}$ の場合には $p_n(a;\hat{\mu})\approx\frac{x^{n\hat{\mu}+\alpha-1}(1-x)^{n(1-\hat{\mu})+\beta-1}}{\mathrm{B}(n\hat{\mu}+1,n(1-\hat{\mu})+1)}$ と近似できることが期待されます．確率変数 X が確率密度 $f(x)$ をもつ分布に従うとき，その裾確率と密度の比 $\frac{\mathbb{P}_{X\sim f}[X\ge x]}{f(x)}$ は**ミルズ比** (Mills ratio) とよばれ，多くの場合に部分積分を適用することで，この値を比較的簡潔な形で評価できます．ベータ分布に関してミルズ比の評価と同様の解析を行うと，例えば $\alpha=\beta=1$ の

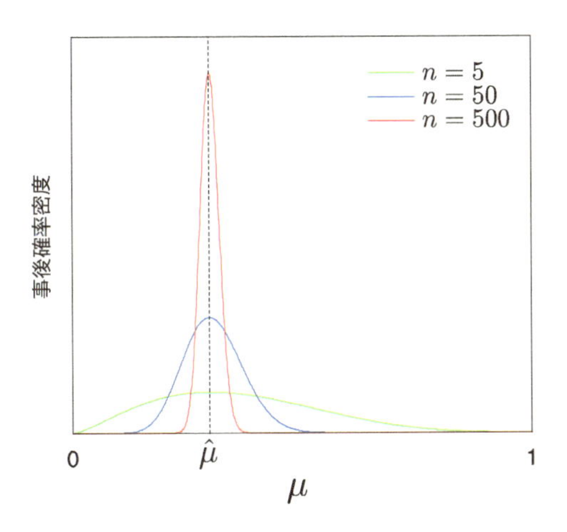

図 4.1 $\pi(\mu) = \mathrm{Beta}(1, 1)$, $\hat{\mu} = 0.3$ での μ の事後確率密度.

場合に以下のような不等式を導出することができます.

補題 4.2（ベータ分布の裾確率）

X がベータ分布 $\mathrm{Beta}(1 + n\mu, 1 + n(1 - \mu))$ に従うとき

$$\mathbb{P}[X \geq a] \geq \frac{1 - a}{31\sqrt{n}} \mathrm{e}^{-nd(\mu,a)}. \tag{4.9}$$

また，$a < \mu$ ならば

$$\mathbb{P}[X \geq a] \geq \frac{\mu - a}{31\sqrt{n}}. \tag{4.10}$$

さらに，$a > \mu$ ならば

$$\mathbb{P}[X \geq a] \leq \frac{7}{a - \mu} \mathrm{e}^{-nd(\mu,a)}. \tag{4.11}$$

この補題の証明は付録 B で行います（191 ページ参照）.

4.4.2 リグレット解析

トンプソン抽出の解析では次の補題を何度か用います．

補題 4.3（等比数列の和の一般化）

$a \geq 0, b > 0$ に対して

$$\sum_{k=1}^{\infty} k^a \mathrm{e}^{-bk} \leq \frac{\mathrm{e}^b \Gamma(a+1)}{b^{a+1}}$$

が成り立つ．ただし，$\Gamma(z) = \int_0^\infty t^{z-1}\mathrm{e}^{-t}\mathrm{d}t$ はガンマ関数である．

証明. 次の不等式からただちに得られる．

$$\begin{aligned}\sum_{k=1}^{\infty} k^a \mathrm{e}^{-bk} &\leq \int_0^\infty (x+1)^a \mathrm{e}^{-bx}\mathrm{d}x \\ &= \mathrm{e}^b \int_b^\infty \left(\frac{z}{b}\right)^a \mathrm{e}^z \frac{\mathrm{d}z}{b} \quad (z = b(x+1) \text{ とした}) \\ &\leq \frac{\mathrm{e}^b \Gamma(a+1)}{b^{a+1}}.\end{aligned}$$

□

定理 3.7 で与えたトンプソン抽出のリグレット上界は補題 4.3 を用いて次のように導出されます．

定理 3.7 の証明. 事後サンプル $\tilde{\mu}_i(t)$ の最大値 $\tilde{\mu}^*(t) = \max_{i\in\{1,2,\ldots,K\}} \tilde{\mu}_i(t)$ に応じて場合分けを行うことにより，アーム $i \neq i^*$ の選択数を次のように分解する．

$$N_i(T+1) \leq \underbrace{\sum_{t=1}^{T} \mathbb{1}[i(t)=i,\, \tilde{\mu}^*(t) \geq \mu^* - 2\epsilon]}_{\text{(A)}} + \underbrace{\sum_{t=1}^{T} \mathbb{1}[\tilde{\mu}^*(t) < \mu^* - 2\epsilon]}_{\text{(B)}}.$$

まず (A) 項の期待値を評価する．$\{i(t)=i,\, N_i(t)=n\}$ という事象は n を固定したとき高々 1 回しか起こらないから，任意の $n_i > 0$ に対して

$$
\begin{aligned}
\text{(A)} &= \sum_{t=1}^{T} \mathbb{1}[i(t)=i,\, \tilde{\mu}^*(t) \ge \mu^* - 2\epsilon,\, \hat{\mu}_i(t) > \mu_i + \epsilon] \\
&\quad + \sum_{t=1}^{T} \mathbb{1}[i(t)=i,\, \tilde{\mu}^*(t) \ge \mu^* - 2\epsilon,\, \hat{\mu}_i(t) \le \mu_i + \epsilon] \\
&\le \sum_{n=1}^{T} \mathbb{1}\left[\bigcup_{t=1}^{T} \{i(t)=i,\, \tilde{\mu}^*(t) \ge \mu^* - 2\epsilon,\, \hat{\mu}_i(t) > \mu_i + \epsilon,\, N_i(t)=n\}\right] \\
&\quad + \sum_{t=1}^{T} \mathbb{1}[i(t)=i,\, \tilde{\mu}^*(t) \ge \mu^* - 2\epsilon,\, \hat{\mu}_i(t) \le \mu_i + \epsilon,\, N_i(t) \le n_i] \\
&\quad + \sum_{t=1}^{T} \mathbb{1}[i(t)=i,\, \tilde{\mu}^*(t) \ge \mu^* - 2\epsilon,\, \hat{\mu}_i(t) \le \mu_i + \epsilon,\, N_i(t) > n_i] \\
&\le \underbrace{\sum_{n=1}^{T} \mathbb{1}[\hat{\mu}_{i,n} > \mu_i + \epsilon\}]}_{\text{(A1)}} \\
&\quad \underbrace{+ n_i + \sum_{t=1}^{T} \mathbb{1}[i(t)=i,\, \tilde{\mu}^*(t) \ge \mu^* - 2\epsilon,\, \hat{\mu}_i(t) \le \mu_i + \epsilon,\, N_i(t) > n_i]}_{\text{(A2)}}
\end{aligned}
$$

が成り立つ．ここで式 (4.6) と同様にヘフディングの不等式を適用すると

$$
\mathbb{E}[\text{(A1)}] \le \sum_{n=1}^{T} \mathbb{P}\left[\hat{\mu}_{i,n} > \mu_i + \epsilon\right] \le \frac{1}{2\epsilon^2} \tag{4.12}
$$

が得られる．(A2) 項については，トンプソン抽出の性質から $i(t) = i$ ならば $\tilde{\mu}^*(t) = \tilde{\mu}_i(t)$ であることを用いると，

$$
\begin{aligned}
\mathbb{E}\left[\text{(A2)}\right] &\le n_i + \sum_{t=1}^{T} \mathbb{P}\left[\tilde{\mu}_i(t) \ge \mu^* - 2\epsilon,\, \hat{\mu}_i(t) \le \mu_i + \epsilon,\, N_i(t) > n_i\right] \\
&\le n_i + \sum_{t=1}^{T} \mathbb{P}\left[\tilde{\mu}_i(t) \ge \mu^* - 2\epsilon | \hat{\mu}_i(t) \le \mu_i + \epsilon,\, N_i(t) > n_i\right]
\end{aligned}
$$

が成り立つ．$\tilde{\mu}_i(t)$ はベータ分布 $\mathrm{Beta}(1 + N_i(t)\hat{\mu}_i(t),\, 1 + N_i(t)(1 - \hat{\mu}_i(t)))$

に従う確率変数であるから，補題 4.2 の式 (4.11) を用いて $n_i = \frac{\log T}{d(\mu_i+\epsilon,\mu^*-2\epsilon)}$ とおくと

$$\begin{aligned}\mathbb{E}\left[(\mathrm{A2})\right] &\le n_i + \sum_{t=1}^{T} \frac{7}{(\mu^*-\mu_i)-3\epsilon} \mathrm{e}^{-n_i d(\mu_i+\epsilon,\mu^*-2\epsilon)} \\ &= \frac{\log T}{d(\mu_i+\epsilon,\mu^*-2\epsilon)} + \frac{7}{\Delta_i - 3\epsilon} \end{aligned} \tag{4.13}$$

が得られる．

次に (B) 項を評価する．自然数 A_t に対して $\sum_t A_t = \sum_{m=1}^{\infty} \mathbb{1}[\sum_t A_t \ge m]$ が成り立つことを用いると，

$$\begin{aligned}(\mathrm{B}) &= \sum_{n=1}^{T}\sum_{t=1}^{T} \mathbb{1}[\tilde{\mu}^*(t) \le \mu^* - 2\epsilon,\, N_{i^*}(t)=n] \\ &= \sum_{n=1}^{T}\sum_{m=1}^{T} \mathbb{1}\left[\sum_{t=1}^{T} \mathbb{1}[\tilde{\mu}^*(t) \le \mu^* - 2\epsilon,\, N_{i^*}(t)=n] \ge m\right]\end{aligned}$$

が得られる．さて，ある時刻 $t=t_0$ において

$$\left\{\tilde{\mu}_{i^*}(t) > \mu^* - \epsilon,\, \max_{j\ne i^*} \tilde{\mu}_j(t) \le \mu^* - 2\epsilon,\, N_{i^*}(t)=n\right\}$$

が成り立ったと仮定する．このとき時刻 t_0 ではアーム i^* が引かれるため，以降の $t > t_0$ では $N_{i^*}(t) = n$ という事象は決して発生しない．したがって，事象 $\sum_{t=1}^{T} \mathbb{1}[\tilde{\mu}^*(t) \le \mu^* - 2\epsilon,\, N_{i^*}(t)=n] \ge m$ が成り立つためには，$\{\max_{j\ne i^*} \tilde{\mu}_j(t) \le \mu^* - 2\epsilon,\, N_{i^*}(t)=n\}$ が成り立った最初の m 個の時刻 $t=\tau_1,\tau_2,\ldots,\tau_m$ のすべてで $\tilde{\mu}_{i^*}(t) \le \mu^* - 2\epsilon$ が成り立つことが必要となる．したがって，式 (4.8) で定義したベータ分布の累積確率を用いると次式が成り立つ．

$$\begin{aligned}&\mathbb{E}[(\mathrm{B})] \\ &\le \sum_{n=1}^{T} \mathbb{E}\left[\sum_{m=1}^{T}\prod_{k=1}^{m} \mathbb{1}[\tilde{\mu}_{i^*}(\tau_k) \le \mu^* - 2\epsilon]\right] \\ &\le \sum_{n=1}^{T} \mathbb{E}\left[\sum_{m=1}^{T}\prod_{k=1}^{m} \mathbb{P}\left[\tilde{\mu}_{i^*}(\tau_k) \le \mu^* - 2\epsilon \,\middle|\, \hat{\mu}_{i^*,n}\right]\right]\end{aligned}$$

$$
\begin{aligned}
&\le \sum_{n=1}^{T} \mathbb{E}\left[\sum_{m=1}^{T} (1 - p_n(\mu^* - 2\epsilon; \hat{\mu}_{i^*,n}))^m\right] \\
&\le \sum_{n=1}^{T} \mathbb{E}\left[\frac{1 - p_n(\mu^* - 2\epsilon; \hat{\mu}_{i^*,n})}{p_n(\mu^* - 2\epsilon; \hat{\mu}_{i^*,n})}\right] \\
&\le \underbrace{\sum_{n=1}^{T} \mathbb{E}\left[\mathbb{1}[\hat{\mu}_{i^*,n} > \mu^* - \epsilon]\frac{p_n(1 - \mu^* + 2\epsilon; 1 - \hat{\mu}_{i^*,n})}{p_n(\mu^* - 2\epsilon; \hat{\mu}_{i^*,n})}\right]}_{\text{(B1)}} \\
&\quad + \underbrace{\sum_{n=1}^{T} \mathbb{E}\left[\frac{\mathbb{1}[\mu^* - 2\epsilon \le \hat{\mu}_{i^*,n} \le \mu^* - \epsilon]}{p_n(\mu^* - 2\epsilon; \hat{\mu}_{i^*,n})}\right]}_{\text{(B2)}} + \underbrace{\sum_{n=1}^{T} \mathbb{E}\left[\frac{\mathbb{1}[\hat{\mu}_{i^*,n} \le \mu^* - 2\epsilon]}{p_n(\mu^* - 2\epsilon; \hat{\mu}_{i^*,n})}\right]}_{\text{(B3)}}.
\end{aligned}
$$

ただし，最後の不等式ではベータ分布のパラメータに関する対称性 $1 - p_n(a; \mu) = p_n(1 - a; 1 - \mu)$ を用いた．ここで補題 4.2 の式 (4.10), 式 (4.11) を用いると，次式が得られる．

$$
\begin{aligned}
\text{(B1)} &\le \sum_{n=1}^{T} \mathbb{E}\left[\frac{\mathbb{1}[\hat{\mu}_{i^*,n} > \mu^* - \epsilon] \cdot 217\sqrt{n}\mathrm{e}^{-nd(1-\hat{\mu}_{i^*,n}, 1-\mu^*+2\epsilon)}}{(\hat{\mu}_{i^*,n} - \mu^* + 2\epsilon)^2}\right] \\
&\le \sum_{n=1}^{T} \mathbb{E}\left[\frac{\mathbb{1}[\hat{\mu}_{i^*,n} > \mu^* - \epsilon] \cdot 217\sqrt{n}\mathrm{e}^{-2n(\hat{\mu}_{i^*,n} - \mu^* + 2\epsilon)^2}}{\epsilon^2}\right] \\
&\hspace{15em} (\because \text{ピンスカーの不等式}) \\
&\le \sum_{n=1}^{T} \frac{217\sqrt{n}\mathrm{e}^{-2n\epsilon^2}}{\epsilon^2} \\
&\le \frac{217}{\epsilon^2}\frac{\mathrm{e}^{2\epsilon^2}\Gamma(3/2)}{(2\epsilon^2)^{3/2}} \qquad (\because \text{補題 4.3}) \\
&\le \frac{85}{\epsilon^5}. \qquad \left(\because \mathrm{e}^{2\epsilon^2} < \mathrm{e}^{2/9}, \Gamma(3/2) = \sqrt{\pi}/2\right)
\end{aligned} \tag{4.14}
$$

次に (B2) 項を評価する．補題 4.2 の式 (4.9) より，式 (4.14) と同様にして

$$
\text{(B2)} \le \sum_{n=1}^{T} \mathbb{E}\left[\frac{\mathbb{1}[\mu^* - 2\epsilon \le \hat{\mu}_{i^*,n} \le \mu^* - \epsilon]}{p_n(\hat{\mu}_{i^*,n}; \hat{\mu}_{i^*,n})}\right]
$$

$$
\begin{aligned}
&\le \sum_{n=1}^{T} \frac{31\sqrt{n}}{1-\mu^*+\epsilon} \mathbb{P}\left[\hat{\mu}_{i^*,n} \le \mu^* - \epsilon\right] \\
&\le \frac{31}{1-\mu^*+\epsilon} \frac{\mathrm{e}^{2\epsilon^2}\Gamma(3/2)}{(2\epsilon^2)^{3/2}} \le \frac{13}{\epsilon^3(1-\mu^*+\epsilon)} \qquad (4.15)
\end{aligned}
$$

が得られる．

最後に (B3) 項を評価する．KL ダイバージェンスの凸性とピンスカーの不等式を用いると，$\hat{\mu}_{i^*,n} \le \mu^* - 2\epsilon$ に対して

$$
\begin{aligned}
d(\hat{\mu}_{i^*,n}, \mu^* - 2\epsilon) &\le \frac{2\epsilon \cdot d(\hat{\mu}_{i^*,n}, \hat{\mu}_{i^*,n}) + (\mu^* - 2\epsilon - \hat{\mu}_{i^*,n}) \cdot d(\hat{\mu}_{i^*,n}, \mu^*)}{\mu^* - \hat{\mu}_{i^*,n}} \\
&= d(\hat{\mu}_{i^*,n}, \mu^*) - \frac{2\epsilon d(\hat{\mu}_{i^*,n}, \mu^*)}{\mu^* - \hat{\mu}_{i^*,n}} \\
&\le d(\hat{\mu}_{i^*,n}, \mu^*) - 4\epsilon(\mu^* - \hat{\mu}_{i^*,n}) \\
&\le d(\hat{\mu}_{i^*,n}, \mu^*) - 8\epsilon^2
\end{aligned}
$$

であるから，補題 4.2 の式 (4.9) より

$$
\begin{aligned}
\text{(B3)} &= \sum_{n=1}^{T} \mathbb{E}\left[\frac{\mathbb{1}[\hat{\mu}_{i^*,n} \le \mu^* - 2\epsilon]}{p_n(\mu^* - 2\epsilon; \hat{\mu}_{i^*,n})}\right] \\
&\le \sum_{n=1}^{T} \mathbb{E}\left[\mathbb{1}[\hat{\mu}_{i^*,n} \le \mu^* - 2\epsilon] \frac{31\sqrt{n}}{1-\mu^*+2\epsilon} \mathrm{e}^{nd(\hat{\mu}_{i^*,n}, \mu^* - 2\epsilon)}\right] \\
&\le \sum_{n=1}^{T} \frac{31\sqrt{n}\mathrm{e}^{-8\epsilon^2 n}}{1-\mu^*+2\epsilon} \mathbb{E}\left[\mathbb{1}[\hat{\mu}_{i^*,n} \le \mu^* - 2\epsilon] \mathrm{e}^{nd(\hat{\mu}_{i^*,n}, \mu^*)}\right]
\end{aligned}
$$

が成り立つ．ここで補題 4.1 において $\phi(x) := \mathrm{e}^{nd(x,\mu^*)}, X := \hat{\mu}_{i^*,n}$ としてチェルノフ・ヘフディングの不等式を適用すると，

$$
\begin{aligned}
\text{(B3)} &\le \sum_{n=1}^{T} \frac{31\sqrt{n}\mathrm{e}^{-8\epsilon^2 n}}{1-\mu^*+2\epsilon} \left(1 + \int_0^{\mu^* - 2\epsilon} (-\phi'(x)) \mathrm{e}^{-nd(x,\mu^*)} \mathrm{d}x\right) \\
&\le \sum_{n=1}^{T} \frac{31\sqrt{n}\mathrm{e}^{-8\epsilon^2 n}}{1-\mu^*+2\epsilon} \left(1 + \int_{d(\mu^* - 2\epsilon, \mu^*)}^{d(0,\mu^*)} n\mathrm{e}^{nz} \cdot \mathrm{e}^{-nz} \mathrm{d}z\right) \\
&\qquad\qquad (z := d(x, \mu^*) \text{ とした})
\end{aligned}
$$

$$
\begin{aligned}
&\le \sum_{n=1}^{T} \frac{31\sqrt{n}\mathrm{e}^{-8\epsilon^2 n}}{1-\mu^*+2\epsilon}\,(1+nd(0,\mu^*)) \\
&\le \frac{31}{1-\mu^*+2\epsilon}\left(\frac{\mathrm{e}^{8\epsilon^2}\Gamma(3/2)}{(8\epsilon^2)^{3/2}} + d(0,\mu^*)\frac{\mathrm{e}^{8\epsilon^2}\Gamma(5/2)}{(8\epsilon^2)^{5/2}}\right) \quad (\because \text{補題 } 4.3) \\
&\le \frac{1}{1-\mu^*+2\epsilon}\left(\frac{3}{\epsilon^3} + \frac{d(0,\mu^*)}{\epsilon^5}\right) \\
&= \frac{1}{1-\mu^*+2\epsilon}\left(\frac{3}{\epsilon^3} + \frac{\log \frac{1}{1-\mu^*}}{\epsilon^5}\right)
\end{aligned} \tag{4.16}
$$

が得られる．最後に式 (4.12)〜(4.16) を組み合わせることにより

$$
\begin{aligned}
\mathbb{E}[\mathrm{regret}(T)] \le \sum_{i \ne i^*} \frac{\Delta_i \log T}{d(\mu_i+\epsilon, \mu^*-2\epsilon)} \\
+ \sum_{i \ne i^*} \Delta_i \left(\frac{7}{\Delta_i - 3\epsilon} + \frac{1}{2\epsilon^2} + \frac{85}{\epsilon^5} + \frac{1}{1-\mu^*+\epsilon}\left(\frac{16}{\epsilon^3} + \frac{\log\frac{1}{1-\mu^*}}{\epsilon^5}\right)\right)
\end{aligned}
$$

が成り立ち，第 2 項を C_ϵ とおくことにより定理 3.7 が得られる． □

Chapter 5

敵対的バンディット問題

本章では敵対的バンディットにおける設定について説明し，計算論的学習理論における全情報設定のオンライン学習アルゴリズムである Hedge アルゴリズムのバンディット版として Exp3 方策およびその変形である Exp3.P 方策を紹介し，擬リグレットおよび高確率（で成り立つ）リグレット上界を証明します．また，擬リグレットの下界を証明し，下界と同じオーダーの擬リグレットを達成する Poly INF 方策を紹介します．

5.1 問題設定

確率的バンディットのときと同様に，多腕バンディット問題を考えます．アームが 1 つ付いたスロットマシン K 台と 1 人のプレイヤーがいるとします．プレイヤーは各時刻 $t=1,2,\ldots$ にいずれかのスロットマシンのアーム $i(t)$ を選んで引き，報酬 $X_{i(t)}(t)$ を受け取ります．確率的バンディットとの違いは，報酬に確率的な仮定をまったくおかないということです．最悪ケース，つまりプレイヤーの方策を知っている（神のような能力をもつ）敵対者が報酬を選んでいると考えて，方策の評価を行います．

報酬の値の範囲を $[0,1]$ と仮定します [*1]．プレイヤーの方策が決定的である場合，方策を知っている敵対者は，プレイヤーが選ぶアームの報酬をすべ

*1 範囲が有界であれば $[0,1]$ になるように正規化ができるので，有界の場合を扱っていると考えても問題ありません．

て 0 にすることが可能です．そのため，評価指標を累積報酬の値そのものにしてしまうと，どの方策も累積報酬 0 となり方策間の優劣をつけることはできません．

そこで，絶対評価ではなく相対評価にし，すべてのアームの報酬が事前にわかっている場合の最適選択の累積報酬との差を評価指標としてみましょう．しかし，敵対者はプレイヤーが選ばないアームの報酬を 1 に設定することができるので，T 回のプレイで最適選択の累積報酬を T にすることができ，プレイヤーのどんな決定的方策も最適選択との累積報酬の差は T となり同じということになります．このように最適選択の累積報酬は比較対象として強すぎるため，T 回プレイした場合のリグレット $\mathrm{Regret}(T)$ を最適アームの累積報酬との差と定義します．つまり

$$\mathrm{Regret}(T) = \max_{j \in \{1,2,\ldots,K\}} \sum_{t=1}^{T} X_j(t) - \sum_{t=1}^{T} X_{i(t)}(t) \tag{5.1}$$

とします．選ばれたアームの報酬を敵対者がすべて 0 に設定する場合，プレイヤーがすべてのアームを均等に選ぶ方策をとると，最適アームの累積報酬も $(K-1)T/K$ 以下となります．最適アームの累積報酬を上げようとすると選ばれたアームの報酬も同時に上がってしまって差は変わらないので，式 (5.1) で定義したリグレットは最大で $(K-1)T/K$ であることがわかります．リグレットは T より小さくはなりますが，依然として T に関して線形オーダーです．そこでさらにプレイヤー方策としてランダム選択を許し，敵対者は時刻 t のランダム選択の結果を知る前に時刻 t の報酬を決めなければならないとします．この場合，各時刻 t にプレイヤーが選ぶ確率 $p_{j,t}$ が最も低いアーム j の報酬を 1，それ以外のアームの報酬を 0 に敵対者が設定しても，プレイヤーは期待値として $p_{j,t}$ の報酬を得ることができます．時刻 t にプレイヤーが選択に使う確率分布を $(p_{1,t}, \ldots, p_{K,t})$ とすると，$i(t)$ はその分布に従う確率変数を表します．

報酬を決める敵対者として，ここでは適応型敵対者を考えます．適応型敵対者モデルにおいて，敵対者はそれまでの報酬 $X_j(s)$ とプレイヤーの選択 $i(s)$ $(1 \leq j \leq K, 1 \leq s \leq t)$ に依存して次の報酬 $X_j(t+1)$ を決めることができます．敵対者に確率的な方策を用いることも可能ですが，最悪ケースの評価であるのでリグレットに影響はありません．ただし，敵対者の方策が決

定的であってもプレイヤーのランダム性に依存するので，報酬 $X_j(t)$ は確率的な振る舞いをすることになります．プレイヤーの確率的な方策に対する評価は擬リグレット

$$\overline{\mathrm{Regret}}(T) = \max_{j \in \{1,2,\ldots,K\}} \mathbb{E} \sum_{t=1}^{T} X_j(t) - \mathbb{E} \sum_{t=1}^{T} X_{i(t)}(t) \tag{5.2}$$

で行うか，または任意の小さい $\delta > 0$ に対して $1 - \delta$ の確率で成り立つリグレット $\mathrm{Regret}(T)$ の上界により評価します．適応型敵対者の場合，上記の評価は実際にプレイヤーが最適アームを選び続けた場合の累積報酬との差ではないことに注意してください．なぜなら，報酬 $X_j(t)$ は今までの選択 $i(1), \ldots, i(t-1)$ に依存して変化するからです．例えば，アームが 1 と 2 の 2 本で，プレイヤーは 1/2 の確率で常にアーム 1 を，残り 1/2 の確率で常にアーム 2 を引くものとします．このとき，敵対者は 1 回目はどちらのアームの報酬も 0 にして，2 回目以降は 1 回目で引いたアームの報酬を 0，引かなかったアームの報酬を 1 に設定するとします．プレイヤーが 1 回目にアーム 1 を引いた場合は，アーム 2 が最適アームで $\sum_{t=1}^{T} X_2(t) = T - 1$ となり擬リグレットはこれとの比較になりますが，実際にアーム 2 をプレイヤーが引き続けると $\sum_{t=1}^{T} X_2(t) = 0$ となり，2 つの値は一致しません．

報酬を決める敵対者が忘却型の場合には，敵対者の方策はプレイヤーの選択 $i(t)$ に依存しないので，擬リグレット $\overline{\mathrm{Regret}}(T)$ の最悪ケースの評価は，任意の報酬列 $X_1(1), \ldots, X_K(1), X_1(2), \ldots, X_K(2), \ \ldots, X_1(T), \ldots, X_K(T)$ に対する期待リグレット

$$\mathbb{E}[\mathrm{Regret}(T)] = \max_{j \in \{1,2,\ldots,K\}} \sum_{t=1}^{T} X_j(t) - \mathbb{E}\left[\sum_{t=1}^{T} X_{i(t)}(t)\right]$$

の最悪ケースの評価と同じになります．本章では適応型敵対者の場合の擬リグレットに関する定理を示しますが，それらは忘却型敵対者の場合は期待リグレットに関して成り立つことになります．

以下の節では，次のような記号を用います．

$G_{j,t} = \sum_{s=1}^{t-1} X_j(s)$：アーム j の時刻 t での累積報酬

$G_j = G_{j,T+1}$: アーム j の（終了時の）累積報酬

$G_* = \max_{j \in \{1,2,\ldots,K\}} G_j$: 累積報酬が最大となるアームの累積報酬

$\overline{G}_* = \max_{j \in \{1,2,\ldots,K\}} \mathbb{E} \sum_{t=1}^{T} X_j(t)$: 期待累積報酬が最大となるアームの期待累積報酬

$G_A = \sum_{t=1}^{T} X_{i(t)}(t)$: 時刻 t にアーム $i(t)$ を選ぶ A アルゴリズムの累積報酬

（[例] G_{Hedge} : Hedge アルゴリズムの累積報酬）

5.2 オンライン学習理論と Hedge アルゴリズム

1980 年代半ばから，学習の可能性や効率性を理論的に分析する計算論的学習理論という学問分野が立ち上がりました．そこではいくつかの学習の枠組みが提案されました．主なものとしては，**PAC 学習** (Probably Approximately Correct learning)，**質問学習** (query learning) および**オンライン学習** (online learning) があります．多腕バンディット問題は，オンライン学習の枠組みにおけるエキスパートを利用した予測 [15]（**アルゴリズム 5.1**）問題の特殊ケースとみることができます．エキスパートを利用した予測では，各時刻 t に学習者は K 人のエキスパートから 1 人のエキスパート $i(t)$ を選び

アルゴリズム 5.1 エキスパートを利用した予測（報酬版）

各時刻 $t = 1, 2, \ldots, T$ において以下のことを繰り返す．

1: エキスパート $i(t) \in \{1, \ldots, K\}$ を選択する．
2: 各エキスパート $j \in \{1, \ldots, K\}$ の報酬 $X_j(t)$ が明かされる．

ます．その後，各エキスパート j の報酬 $X_j(t)$ が学習者に明かされます *2．学習者は自分が選んだエキスパート $i(t)$ と同じ報酬 $X_{i(t)}(t)$ を得ます．これを時刻 1 から T まで T 回行ったとき，最悪ケースにおいて，学習者の累積報酬 $\sum_{t=1}^{T} X_{i(t)}(t)$ と最も報酬の多いエキスパートの累積報酬との差（リグレット）を小さくする学習者の方策について研究がなされてきました．

その中で注目すべきアルゴリズムに，ブースティングで著名なフロイントとシャピレが開発した **Hedge アルゴリズム** (Hedge algorithm)[28] があります．**アルゴリズム 5.2** に，Hedge アルゴリズムの擬似コードを示します *3．

Hedge アルゴリズムは，各エキスパートをそのエキスパートの累積報酬に応じて重み付けし，その重みの割合で確率的にエキスパートを選ぶ乱択アル

アルゴリズム 5.2 Hedge アルゴリズム

パラメータ： $0 < \eta$
初期化： $\mathbf{w}_1 = (1/K, \ldots, 1/K)$

各時刻 $t = 1, 2, \ldots, T$ において以下のことを繰り返す．

1: 以下の分布 $(p_{1,t}, \ldots, p_{K,t})$ に従って，アーム $i(t) \in \{1, \ldots, K\}$ を選択する．

$$p_{j,t} = \frac{w_{j,t}}{\sum_{k=1}^{K} w_{k,t}} \qquad (j = 1, \ldots, K)$$

2: 各エキスパート $j \in \{1, \ldots, K\}$ の報酬 $X_j(t)$ が明かされる．
3: 各エキスパート j の重みを以下の式で更新する．

$$w_{j,t+1} = w_{j,t} \mathrm{e}^{\eta X_j(t)} \qquad (j = 1, \ldots, K)$$

*2 報酬ではなく損失 (loss) で定義される場合がほとんどですが，バンディット問題の説明の都合上，ここでは報酬で説明しています．
*3 もとの Hedge アルゴリズムは損失版で，損失 $\ell_j(t)$ に対し重みは $\mathrm{e}^{-\eta \ell_j(t)}$ 倍されます．

ゴリズムです．どのように重み付けするかというと，時刻 t でのエキスパート j の累積報酬 $G_{j,t}$ を使って，エキスパート j の重みを $\mathrm{e}^{\eta G_{j,t}}$ とします．ここで，$\eta > 0$ は学習レートとよばれるパラメータで，この値を大きくすると累積報酬の差が重みにより大きく反映されるようになります．実際には，累積報酬 $G_{j,t}$ を保持して各時刻 t に重み $w_{j,t}$ を計算し直すのではなく，重み $w_{j,t}$ を保持して時刻 t に明らかにされた報酬 $X_j(t)$ に対し，重み $w_{j,t}$ を $\mathrm{e}^{\eta X_j(t)}$ 倍して $w_{j,t+1}$ を計算することで同じ重み付けが実現できます．Hedge アルゴリズムの擬リグレットは，以下の定理で示される値で上から抑えられることがわかります．

定理 5.1（報酬版 Hedge の擬リグレット上界）

報酬版 Hedge アルゴリズムの擬リグレット $\overline{\mathrm{Regret}}(T)$ は，期待累積報酬が最大となるエキスパートの期待累積報酬 $\overline{G}_*$ に対し，以下の不等式で示される値で抑えられる．

$$\overline{\mathrm{Regret}}(T) \leq \frac{(\mathrm{e}^{\eta} - 1 - \eta)\overline{G}_* + \log K}{\mathrm{e}^{\eta} - 1}$$

証明. まず，次の不等式が成り立つことに注意する．

$$\mathrm{e}^{\eta x} \leq 1 + (\mathrm{e}^{\eta} - 1)x \qquad \text{for } x \in [0,1] \tag{5.3}$$

$W_t = \sum_{j=1}^{K} w_{j,t}$ とおくと，

$$\begin{aligned} W_{T+1} &= \sum_{j=1}^{K} w_{j,T+1} \\ &= \sum_{j=1}^{K} w_{j,T}\mathrm{e}^{\eta X_j(T)} \\ &\leq \sum_{j=1}^{K} w_{j,T}(1 + (\mathrm{e}^{\eta} - 1)X_j(T)) \qquad (\because \text{不等式 (5.3)}) \end{aligned}$$

$$
\begin{aligned}
&=W_T(1+(\mathrm{e}^\eta-1)\sum_{j=1}^{K}p_{j,T}X_j(T))\\
&\le W_T(1+(\mathrm{e}^\eta-1)\mathbb{E}X_{i(T)}(T))\\
&\le \prod_{t=1}^{T}\bigl(1+(\mathrm{e}^\eta-1)\mathbb{E}X_{i(t)}(t)\bigr) \qquad (\because W_1=1)
\end{aligned}
\tag{5.4}
$$

が成り立つ．ただし，上の期待値は Hedge アルゴリズムの乱択の分布に関してとっている．また，任意のエキスパート k に関し

$$
W_{T+1}\ge w_{k,T+1}=\frac{1}{K}\mathrm{e}^{\eta G_k} \tag{5.5}
$$

が成り立つ．2 つの不等式 (5.4), (5.5) を合わせると

$$
\frac{1}{K}\mathrm{e}^{\eta G_k}\le\prod_{t=1}^{T}(1+(\mathrm{e}^\eta-1)\mathbb{E}X_{i(t)}(t))
$$

が導かれる．両辺の対数をとると

$$
\begin{aligned}
-\log K+\eta G_k\le&\sum_{t=1}^{T}\log(1+(\mathrm{e}^\eta-1)\mathbb{E}X_{i(t)}(t))\\
\le&(\mathrm{e}^\eta-1)\sum_{t=1}^{T}\mathbb{E}X_{i(t)}(t) \qquad (\because \log(1+x)\le x)\\
=&(\mathrm{e}^\eta-1)\mathbb{E}G_{\mathrm{Hedge}}
\end{aligned}
$$

が成り立つ．報酬の分布に関して両辺の期待値をとると

$$
-\log K+\eta\mathbb{E}G_k\le(\mathrm{e}^\eta-1)\mathbb{E}G_{\mathrm{Hedge}}
$$

が成り立つ．上式は任意のエキスパート k に対して成り立つので

$$
-\log K+\eta\overline{G}_*\le(\mathrm{e}^\eta-1)\mathbb{E}G_{\mathrm{Hedge}}
$$

が成立する．よって，Hedge アルゴリズムの擬リグレット $\overline{\mathrm{Regret}}(T)$ は，以下の不等式を満たす．

$$\overline{\mathrm{Regret}}(T) = \overline{G}_* - \mathbb{E}G_{\mathrm{Hedge}} \leq \frac{(\mathrm{e}^\eta - 1 - \eta)\overline{G}_* + \log K}{\mathrm{e}^\eta - 1}$$

□

定理 5.1 より，Hedge アルゴリズムの擬リグレットの上界は学習レート η の値に依存しますが，η をうまく選べば小さくすることができます．期待累積報酬が最大となるエキスパートの期待累積報酬 $\overline{G}_*$ の上界 g を知っていれば，η を g に依存してうまく定めてやると，以下の系により期待リグレットを $\mathrm{O}(\sqrt{g \log K})$ に抑えることが可能です．$\overline{G}_*$ の明らかな上界は T であるので，Hedge アルゴリズムの擬リグレットは $\mathrm{O}(\sqrt{T \log K})$ であることがわかります．

系 5.2（適した η を用いた報酬版 Hedge の擬リグレット上界）

報酬版 Hedge アルゴリズムの擬リグレット $\overline{\mathrm{Regret}}(T)$ は，期待累積報酬が最大となるエキスパートの期待累積報酬 $\overline{G}_*$ の上界 $g \geq \overline{G}_*$ に対して学習レートを

$$\eta = \log\left(1 + 1 \Big/ \left(1 + \sqrt{g/(2\log K)}\right)\right)$$

と設定すれば，以下の不等式を満たす．

$$\overline{\mathrm{Regret}}(T) \leq \sqrt{2g \log K} + \log K$$

証明. 以下の不等式を用いて証明する．

$$\log(1+x) \geq \frac{(2-3x)x}{2(1-x)} \qquad \text{for } x \in [0,1) \tag{5.6}$$

定理 5.1 より

$$\overline{\mathrm{Regret}}(T) \leq \frac{(\mathrm{e}^\eta - 1 - \eta)\overline{G}_* + \log K}{\mathrm{e}^\eta - 1} \tag{5.7}$$

が成り立つ．$\eta = \log(1+x)$ とおくと不等式 (5.6) より

$$\begin{aligned}\frac{(\mathrm{e}^{\eta}-1-\eta)\overline{G}_* + \log K}{\mathrm{e}^{\eta}-1} &= \frac{(x-\log(1+x))\overline{G}_* + \log K}{x} \\ &\leq \left(1 - \frac{(2-3x)}{2(1-x)}\right)\overline{G}_* + \frac{1}{x}\log K \qquad (5.8)\end{aligned}$$

となる．さらに $x = 1\Big/\left(1+\sqrt{g/(2\log K)}\right)$ とおいて整理すると

$$\begin{aligned}\left(1 - \frac{(2-3x)}{2(1-x)}\right)\overline{G}_* + \frac{1}{x}\log K &= \sqrt{\frac{\log K}{2g}}\overline{G}_* + \sqrt{\frac{g\log K}{2}} + \log K \\ &\leq \sqrt{\frac{g\log K}{2}} + \sqrt{\frac{g\log K}{2}} + \log K \\ &= \sqrt{2g\log K} + \log K \qquad (5.9)\end{aligned}$$

となるので，3 つの不等式 (5.7),(5.8),(5.9) より

$$\overline{\mathrm{Regret}}(T) \leq \sqrt{2g\log K} + \log K$$

が導かれる． □

5.3 Exp3 方策

報酬版 Hedge アルゴリズムのバンディット版が **Exp3 方策** (Exponential-weight policy for Exploration and Exploitation policy) です [8]．ここからはバンディット問題に戻って，スロットマシン K 台の多腕バンディット問題で考えます．エキスパートを利用した予測との違いは，すべてのアームの報酬ではなく，自分が選んだアームの報酬しかプレイヤーが知ることができないということです．全情報設定を扱う Hedge アルゴリズムでは，エキスパート j の時刻 t での重み $w_{j,t}$ を，そのエキスパートのそれまでの累積報酬 $G_{j,t}$ に依存させて $\mathrm{e}^{\eta G_{j,t}}$ に設定していましたが，バンディット問題の設定では選ばないときがあったアーム j については，$G_{j,t}$ がわかりません．

Exp3 方策（**アルゴリズム 5.3**）では，時刻 t に Hedge アルゴリズムと同様に確率分布 $(p_{1,t},\ldots,p_{K,t})$ に従ってアーム $i(t) \in \{1,\ldots,K\}$ を選択します

アルゴリズム 5.3 Exp3 方策

パラメータ： $\eta, \gamma \in (0,1]$
初期化： $\mathbf{w}_1 = (1/K, \ldots, 1/K)$

各時刻 $t = 1, 2, \ldots, T$ において以下のことを繰り返す．

1: 以下の分布 $(p_{1,t}, \ldots, p_{K,t})$ に従って，アーム $i(t) \in \{1, \ldots, K\}$ を選択する．

$$p_{j,t} = (1-\gamma)\frac{w_{j,t}}{\sum_{k=1}^{K} w_{k,t}} + \frac{\gamma}{K} \qquad (j = 1, \ldots, K)$$

2: 報酬 $X_{i(t)}(t)$ を得る．
3: 各アーム j の報酬の推定値 $\hat{X}_j(t)$ を以下の式で計算する．

$$\hat{X}_j(t) = \begin{cases} \frac{X_j(t)}{p_{j,t}} & (j = i(t)) \\ 0 & (j \neq i(t)) \end{cases}$$

4: 各アーム j の重みを以下の式で更新する．

$$w_{j,t+1} = w_{j,t} \mathrm{e}^{\eta \hat{X}_j(t)} \qquad (j = 1, \ldots, K)$$

が，選ばれたとき $(j = i(t))$ には大きめの値 $X_j(t)/p_{j,t}$，選ばれなかったとき $(j \neq i(t))$ には 0 とする推定量 $\hat{X}_j(t)$ をアーム j の報酬 $X_j(t)$ の代わりに用います．これを使って累積報酬の推定量 $\hat{G}_{j,t} = \sum_{s=1}^{t-1} \hat{X}_j(s)$ を計算し，アーム j の重み $w_{j,t}$ を $\frac{1}{K}\mathrm{e}^{\eta \hat{G}_{j,t}}$ に設定します．$\hat{X}_j(t)$ は，$X_j(t)$ の不偏推定量になっていることに注意してください．Hedge アルゴリズムのときと同様，実際には $\hat{G}_{j,t}$ を保持するのではなく，各時刻 t に選ばれたアーム $i(t)$ に対する重み $w_{i(t)}$ を $\mathrm{e}^{\eta \hat{X}_{i(t)}(t)}$ 倍するのみで同じ重みが実現できます．Hedge アルゴリズムとのもう 1 つの違いは，時刻 t におけるアーム j の選択確率 $p_{j,t}$ に，重みの比 $w_{j,t}/\sum_{k=1}^{K} w_{k,t}$ のみではなく一様分布 $1/K$ を $(1-\gamma) : \gamma$ の比で混ぜた分布を用いているところです．Exp3 方策の場合は，Hedge と違って選んだアームのみ重みだけが大きくなり，その結果選ばないアームの選択確率は小さくなってしまいますが，一様分布を加えることで小さくなりすぎるのを防いでいます．

Exp3 方策の擬リグレット上界は，Hedge アルゴリズムのときと同様，最終的な重みの和 $\sum_{j=1}^{K} w_{j,T+1}$ を（推定）報酬との関係を用いて，上下から挟むことにより証明できます．

定理 5.3（Exp3 方策の擬リグレット上界）

$0 < \gamma \leq 1$, $0 < \eta \leq \gamma/K$ のとき，Exp3 方策の擬リグレット $\overline{\mathrm{Regret}}(T)$ は，期待累積報酬が最大となるアームの期待累積報酬 $\overline{G}_*$ に関して，以下の不等式を満たす．

$$\overline{\mathrm{Regret}}(T) \leq (\eta K + \gamma)\overline{G}_* + \frac{\log K}{\eta}$$

証明. 以下の不等式 *4 を用いて証明する．

$$\mathrm{e}^x \leq 1 + x + x^2 \qquad \text{for } x \leq 1 \tag{5.10}$$

$W_t = \sum_{j=1}^{K} w_{j,t}$ とおくと，$\eta\hat{X}_j(t) \leq \eta X_j(t)/p_{j,t} \leq \eta K/\gamma \leq 1$ より

$$\begin{aligned}
W_{T+1} &= \sum_{j=1}^{K} w_{j,T+1} \\
&= \sum_{j=1}^{K} w_{j,T}\mathrm{e}^{\eta\hat{X}_j(T)} \\
&\leq \sum_{j=1}^{K} w_{j,T}(1 + \eta\hat{X}_j(T) + \eta^2\hat{X}_j(T)^2) \qquad (\because \text{不等式 (5.10)}) \\
&\leq W_T\left(1 + \eta\sum_{j=1}^{K}\frac{p_{j,T}}{1-\gamma}\hat{X}_j(T) + \eta^2\sum_{j=1}^{K}\frac{p_{j,T}}{1-\gamma}\hat{X}_j(T)^2\right)
\end{aligned}$$

*4　より精密な不等式 $\mathrm{e}^x \leq 1 + x + (\mathrm{e}-2)x^2$ $(x \leq 1)$ を用いると，少しだけよい上界を得ることができます．

$$
\begin{aligned}
&\le W_T\left(1+\frac{\eta}{1-\gamma}X_{i(T)}(T)+\frac{\eta^2}{1-\gamma}\sum_{j=1}^{K}\hat{X}_j(T)\right)\\
&\le \prod_{t=1}^{T}\left(1+\frac{\eta}{1-\gamma}X_{i(t)}(t)+\frac{\eta^2}{1-\gamma}\sum_{j=1}^{K}\hat{X}_j(t)\right) \qquad (\because W_1=1)
\end{aligned}
\tag{5.11}
$$

が成り立つ．また，任意のアーム k に関し $\hat{G}_k=\sum_{t=1}^{T}\hat{X}_k(t)$ とすると

$$
W_{T+1}\ge w_{k,T+1}=\frac{1}{K}\mathrm{e}^{\eta\hat{G}_k} \tag{5.12}
$$

が成り立つ．2 つの不等式 (5.11), (5.12) を合わせると

$$
\frac{1}{K}\mathrm{e}^{\eta\hat{G}_k}\le\prod_{t=1}^{T}\left(1+\frac{\eta}{1-\gamma}X_{i(t)}(t)+\frac{\eta^2}{1-\gamma}\sum_{j=1}^{K}\hat{X}_j(t)\right)
$$

が導かれる．両辺の対数をとると

$$
\begin{aligned}
-\log K+\eta\hat{G}_k &\le\sum_{t=1}^{T}\log\left(1+\frac{\eta}{1-\gamma}X_{i(t)}(t)+\frac{\eta^2}{1-\gamma}\sum_{j=1}^{K}\hat{X}_j(t)\right)\\
&\le\sum_{t=1}^{T}\left(\frac{\eta}{1-\gamma}X_{i(t)}(t)+\frac{\eta^2}{1-\gamma}\sum_{j=1}^{K}\hat{X}_j(t)\right) \qquad (\because \log(1+x)\le x)\\
&=\frac{\eta}{1-\gamma}G_{\mathrm{Exp3}}+\frac{\eta^2}{1-\gamma}\sum_{j=1}^{K}\hat{G}_j
\end{aligned}
$$

が成り立つ．Exp3 方策の報酬の推定値の分布に関して両辺の期待値をとると，

$$
-\log K+\eta G_k\le\frac{\eta}{1-\gamma}\mathbb{E}G_{\mathrm{Exp3}}+\frac{\eta^2}{1-\gamma}\sum_{j=1}^{K}G_j
$$

となる．さらに報酬の分布に関して両辺の期待値をとり，$\overline{G}_*\ge\frac{1}{K}\sum_{j=1}^{K}\mathbb{E}G_j$ を用いると

$$-\log K + \eta \mathbb{E} G_k \le \frac{\eta}{1-\gamma} \mathbb{E} G_{\mathrm{Exp3}} + \frac{\eta^2}{1-\gamma} K \overline{G}_*$$

が導かれる．この不等式は任意のアーム k に対して成り立つので

$$-\log K + \eta \overline{G}_* \le \frac{\eta}{1-\gamma} \mathbb{E} G_{\mathrm{Exp3}} + \frac{\eta^2}{1-\gamma} K \overline{G}_*$$

が成り立つ．よって Exp3 方策の擬リグレット $\overline{\mathrm{Regret}}(T)$ は，不等式

$$\overline{\mathrm{Regret}}(T) = \overline{G}_* - \mathbb{E} G_{\mathrm{Exp3}} \le (\eta K + \gamma) \overline{G}_* + \frac{\log K}{\eta}$$

を満たす． □

定理 5.3 で示された Exp3 方策の擬リグレット上界は，期待累積報酬が最大となるアームの期待累積報酬 $\overline{G}_*$ の上界 g を知っていれば，η に関して最適化することができ，以下の系により擬リグレットを $\mathrm{O}(\sqrt{gK \log K})$ に抑えることが可能です．$\overline{G}_*$ の明らかな上界は T であるので，Exp3 方策の擬リグレットは $\mathrm{O}(\sqrt{TK \log K})$ であることがわかります．

系 5.4（最適パラメータを用いた Exp3 方策の擬リグレット上界）

Exp3 方策の擬リグレット $\overline{\mathrm{Regret}}(T)$ は，期待累積報酬が最大となるアームの期待累積報酬 $\overline{G}_*$ の上界 $g \ge \overline{G}_*$ に対して

$$\eta = \min \left\{ \frac{1}{K}, \sqrt{\frac{\log K}{2gK}} \right\}, \gamma = \eta K$$

と設定すれば，以下の不等式を満たす．

$$\overline{\mathrm{Regret}}(T) \le 2\sqrt{2gK \log K} \tag{5.13}$$

証明. $\sqrt{\frac{\log K}{2gK}} > \frac{1}{K}$ のとき $2g < K \log K$ であるから

$$2\sqrt{2gK \log K} > 4g \ge \overline{G}_* \ge \overline{\mathrm{Regret}}(T)$$

となり, 不等式 (5.13) を満たす. また, $\sqrt{\frac{\log K}{2gK}} \leq \frac{1}{K}$ のときには, $\eta = \sqrt{\frac{\log K}{2gK}}$ であるから, $\gamma = \eta K$ のとき定理 5.3 より,

$$\begin{aligned}\overline{\mathrm{Regret}}(T) \leq& 2\eta K\overline{G}_* + \frac{\log K}{\eta}\\ =& 2K\overline{G}_*\sqrt{\frac{\log K}{2gK}} + (\log K)\sqrt{\frac{2gK}{\log K}}\\ \leq& 2gK\sqrt{\frac{\log K}{2gK}} + \sqrt{2gK\log K}\\ =& 2\sqrt{2gK\log K}\end{aligned}$$

となるので, 不等式 (5.13) を満たす. □

5.4 Exp3.P 方策

Exp3 方策は $\mathrm{O}(TK\log K)$ の擬リグレットを達成しますが, 高い信頼性でよいリグレットが得られるとは限りません. 実際, Exp3 方策の報酬の推定値 $\hat{X}_j(t)$ の分散は $1/p_{j,t} \leq K/\gamma$ に近くなるので, 系 5.4 の γ を用いると最悪の場合 $\hat{X}_j(t)$ の分散 $\mathrm{O}(\sqrt{T})$ となります. したがって最悪の場合, $\hat{G}_j$ の分散が $\mathrm{O}(T^{3/2})$, 標準偏差が $\mathrm{O}(T^{3/4})$ にもなってしまうので, 高い確率で $\sqrt{T}$ のオーダーのリグレットを得ることができません.

アルゴリズム 5.4 に擬似コードが示された **Exp3.P 方策** (Exp3.P policy) では, 各アーム j の時刻 t での重みをそのアームのそれまでの累積報酬 $G_{j,t}$ の推定値 $\hat{G}_{j,t}$ ではなく, 信頼上界 $\tilde{G}_{j,t}$ を使って $\frac{1}{K}\mathrm{e}^{\eta\tilde{G}_{j,t}}$ に設定します [8]. 信頼区間の区間幅を $\mathrm{O}(\sqrt{T})$ にできれば, $\sqrt{T}$ のオーダーのリグレットを得ることができそうです. Exp3.P 方策では各時刻において, $\hat{X}_j(t)$ の信頼上界 $\tilde{X}_j(t)$ として

$$\tilde{X}_j(t) = \hat{X}_j(t) + \frac{\beta}{p_{j,t}}$$

を用い, $\hat{G}_{j,t}$ の信頼上界 $\tilde{G}_{j,t}$ を

アルゴリズム 5.4 Exp3.P 方策

パラメータ： $\eta, \gamma, \beta \in (0,1]$
初期化： $\mathbf{w}_1 = (1/K, \ldots, 1/K)$

各時刻 $t = 1, 2, \ldots, T$ において以下のことを繰り返す.

1: 以下の分布 $(p_{1,t}, \ldots, p_{K,t})$ に従って，アーム $i(t) \in \{1, \ldots, K\}$ を選択する.

$$p_{j,t} = (1-\gamma)\frac{w_{j,t}}{\sum_{k=1}^{K} w_{k,t}} + \frac{\gamma}{K} \qquad (j = 1, \ldots, K)$$

2: 報酬 $X_{i(t)}(t)$ を得る.
3: 各アーム j の報酬の推定値 $\hat{X}_j(t)$ とその信頼区間の上限 $\tilde{X}_j(t)$ を以下の式で計算する.

$$\hat{X}_j(t) = \begin{cases} \frac{X_j(t)}{p_{j,t}} & (j = i(t)) \\ 0 & (j \neq i(t)) \end{cases}$$

$$\tilde{X}_j(t) = \hat{X}_j(t) + \frac{\beta}{p_{j,t}}$$

4: 各アーム j の重みを以下の式で更新する.

$$w_{j,t+1} = w_{j,t}\mathrm{e}^{\eta \tilde{X}_j(t)} \qquad (j = 1, \ldots, K)$$

$$\tilde{G}_{j,t} = \sum_{s=1}^{t-1} \tilde{X}_j(s)$$

で計算します．ただし，β は信頼性のパラメータ δ に依存して設定するパラメータです.

$\tilde{G}_j = \tilde{G}_{j,T+1}$ と定義し，与えられた δ に対して β をうまく設定すると，すべてのアーム j に対し G_j は，$1-\delta$ の確率で $\tilde{G}_j + \sqrt{TK \log(K/\delta)}$ 以下になることが以下の補題により保証されます.

補題 5.5（$\tilde{G}_j$ の信頼性）

$0<\delta<1$ に対して，$\sqrt{\log(K/\delta)/KT} \le \beta \le 1$ を満たせば，任意のアーム $j \in \{1,2,\ldots,K\}$ に対して，以下の不等式が成り立つ．

$$\mathbb{P}\{G_j > \tilde{G}_j + \beta KT\} \le \frac{\delta}{K}$$

証明. 任意の非負の値をとる確率変数 X，実数 $a>0$ に対して成り立つマルコフの不等式

$$\mathbb{P}\{X \ge a\} \le \frac{\mathbb{E}[X]}{a}$$

を用いると

$$\mathbb{P}\{G_j > \tilde{G}_j + \beta KT\} = \mathbb{P}\{\mathrm{e}^{\beta(G_j - \tilde{G}_j)} > \mathrm{e}^{\beta^2 KT}\} \le \mathbb{E}[\mathrm{e}^{\beta(G_j - \tilde{G}_j)}]\mathrm{e}^{-\beta^2 KT}$$

が成り立つ．仮定により $\beta \ge \sqrt{\log(K/\delta)/KT}$ であるから，

$$\mathrm{e}^{-\beta^2 KT} \le \mathrm{e}^{-\log(K/\delta)} = \frac{\delta}{K}$$

が成り立つ．よって，$\mathbb{E}[\mathrm{e}^{\beta(G_j - \tilde{G}_j)}] \le 1$ を示せばよい．$t=1,2,\ldots,T+1$ に対して確率変数 Z_t を

$$Z_t = \mathrm{e}^{\beta(G_{j,t} - \tilde{G}_{j,t})}$$

と定義し，時刻 t のプレイヤーの乱択に関して期待値をとると

$$\begin{aligned}
\mathbb{E}_{i(t)}[Z_t] =& \mathbb{E}_{i(t)}[\mathrm{e}^{\beta(X_j(t) - \hat{X}_j(t) - \beta/p_{j,t})} Z_{t-1}] \\
=& Z_{t-1}\mathrm{e}^{-\beta^2/p_{j,t}}\mathbb{E}_{i(t)}[\mathrm{e}^{\beta(X_j(t) - \hat{X}_j(t))}] \\
\le& Z_{t-1}\mathrm{e}^{-\beta^2/p_{j,t}}\mathbb{E}_{i(t)}[1 + \beta(X_j(t) - \hat{X}_j(t)) + \beta^2(X_j(t) - \hat{X}_j(t))^2] \\
& (\because \mathrm{e}^x \le 1 + x + x^2 \text{ for } x \le 1)
\end{aligned}$$

$$\le Z_{t-1}\mathrm{e}^{-\beta^2/p_{j,t}}(1-\beta^2X_j^2(t)+\beta^2\mathbb{E}_{i(t)}[\hat{X}_j^2(t)])$$
$$(\because \mathbb{E}_{i(t)}[\hat{X}_j(t)]=X_j(t))$$
$$\le Z_{t-1}\mathrm{e}^{-\beta^2/p_{j,t}}\left(1+\frac{\beta^2}{p_{j,t}}\right) \qquad \left(\because \mathbb{E}_{i(t)}[\hat{X}_j^2(t)]=\frac{X_j^2(t)}{p_{j,t}}\le\frac{1}{p_{j,t}}\right)$$
$$\le Z_{t-1} \qquad (\because 1+x\le \mathrm{e}^x)$$

となる．両辺の期待値をとると $\mathbb{E}[Z_t]\le\mathbb{E}[Z_{t-1}]$ となる．したがって

$$\mathbb{E}[\mathrm{e}^{\beta(G_j-\tilde{G}_j)}]=\mathbb{E}[Z_{T+1}]\le\mathbb{E}[Z_1]=1$$

が導かれるので補題が成り立つ． □

定理 5.6（Exp3.P 方策の高確率リグレット上界）

$0<\delta<1$ に対して，$\sqrt{\log(K/\delta)/KT}\le\beta\le 1$，$0<\gamma<1/2$，$0<\eta\le\gamma/2K$ を満たすようにパラメータを設定すれば，Exp3.P 方策のリグレット $\mathrm{Regret}(T)$ は，少なくとも $1-\delta$ の確率で以下の不等式を満たす．

$$\mathrm{Regret}(T)\le(\gamma+2\eta K)G_*+\frac{\log K}{\eta}+2\beta KT$$

証明. $W_t=\sum_{j=1}^K w_{j,t}$ とおく．$\beta\le 1$ かつ $\eta\le\gamma/2K$ であるから，$t=1,2,\ldots,T$ に対して $\eta\tilde{X}_j(t)\le 1$ が成り立つ．そこで不等式 (5.10) を使うと

$$W_{T+1}=\sum_{j=1}^K w_{j,T+1}$$
$$=\sum_{j=1}^K w_{j,T}\mathrm{e}^{\eta\tilde{X}_j(T)}$$
$$\le\sum_{j=1}^K w_{j,T}(1+\eta\tilde{X}_j(T)+\eta^2\tilde{X}_j(T)^2) \qquad (\because \text{不等式 (5.10)})$$

$$\leq W_T\left(1+\eta\sum_{j=1}^{K}\frac{p_{j,T}}{1-\gamma}\tilde{X}_j(T)+\eta^2\sum_{j=1}^{K}\frac{p_{j,T}}{1-\gamma}\tilde{X}_j(T)^2\right)$$

$$\leq W_T\left(1+\frac{\eta}{1-\gamma}(X_{i(T)}(T)+K\beta)+\frac{\eta^2}{1-\gamma}\sum_{j=1}^{K}(X_j(t)+\beta)\tilde{X}_j(T)\right)$$

$$\left(\because p_{j,T}\tilde{X}_j(T)=\begin{cases}X_j(t)+\beta & (j=i(T))\\ \beta & (j\neq i(T))\end{cases}\right)$$

$$\leq\prod_{t=1}^{T}\left(1+\frac{\eta}{1-\gamma}(X_{i(t)}(t)+K\beta)+\frac{(1+\beta)\eta^2}{1-\gamma}\sum_{j=1}^{K}\tilde{X}_j(t)\right)\quad(\because W_1=1)\tag{5.14}$$

が成り立つ．また，任意のアーム k に関して

$$W_{T+1}\geq w_{k,T+1}=\frac{1}{K}\mathrm{e}^{\eta\tilde{G}_k}\tag{5.15}$$

が成り立つ．2 つの不等式 (5.14), (5.15) を合わせると

$$\frac{1}{K}\mathrm{e}^{\eta\tilde{G}_k}\leq\prod_{t=1}^{T}\left(1+\frac{\eta}{1-\gamma}(X_{i(t)}(t)+K\beta)+\frac{(1+\beta)\eta^2}{1-\gamma}\sum_{j=1}^{K}\tilde{X}_j(t)\right)$$

が導かれる．両辺の対数をとると

$$-\log K+\eta\tilde{G}_k\leq\sum_{t=1}^{T}\log\left(1+\frac{\eta}{1-\gamma}(X_{i(t)}(t)+K\beta)+\frac{(1+\beta)\eta^2}{1-\gamma}\sum_{j=1}^{K}\tilde{X}_j(t)\right)$$

$$\leq\sum_{t=1}^{T}\left(\frac{\eta}{1-\gamma}(X_{i(t)}(t)+K\beta)+\frac{(1+\beta)\eta^2}{1-\gamma}\sum_{j=1}^{K}\tilde{X}_j(t)\right)$$

$$(\because\log(1+x)\leq x)$$

$$=\frac{\eta}{1-\gamma}(G_{\mathrm{Exp3.P}}+KT\beta)+\frac{(1+\beta)\eta^2}{1-\gamma}\sum_{j=1}^{K}\tilde{G}_j$$

$$\leq\frac{\eta}{1-\gamma}(G_{\mathrm{Exp3.P}}+KT\beta)+\frac{(1+\beta)\eta^2}{1-\gamma}K\max_{j\in\{1,\ldots,K\}}\tilde{G}_j$$

が成り立つ．上式は任意のkについて成り立つので，$j_0 = \mathrm{argmax}_{j\in\{1,\ldots,K\}}\tilde{G}_j$を満たす$j_0$に対しても成り立つ．よって，

$$-\log K + \eta\tilde{G}_{j_0} \leq \frac{\eta}{1-\gamma}(G_{\mathrm{Exp3.P}} + KT\beta) + \frac{(1+\beta)\eta^2}{1-\gamma}K\tilde{G}_{j_0}$$

が成り立ち，これを整えると

$$\begin{aligned} G_{\mathrm{Exp3.P}} \geq& (1-\gamma-(1+\beta)\eta K)\tilde{G}_{j_0} - \frac{(1-\gamma)\log K}{\eta} - \beta KT \\ \geq& (1-\gamma-(1+\beta)\eta K)\tilde{G}_{j_0} - \frac{\log K}{\eta} - \beta KT \end{aligned}$$

が成り立つ．パラメータγ, β, ηの範囲条件より，$\tilde{G}_{j_0}$の係数$1-\gamma-(1+\beta)\eta K$は非負である．$j_* = \mathrm{argmax}_{j\in\{1,\ldots,K\}}G_j$とすれば，補題 5.5 より，少なくとも$1-\delta$の確率で

$$\tilde{G}_{j_0} \geq \tilde{G}_{j_*} \geq G_* - \beta KT$$

が成り立つので，少なくとも$1-\delta$の確率で

$$\begin{aligned} G_{\mathrm{Exp3.P}} \geq& (1-\gamma-(1+\beta)\eta K)G_* - \frac{\log K}{\eta} - \beta KT(2-\gamma-(1+\beta)\eta K) \\ \geq& (1-\gamma-2\eta K)G_* - \frac{\log K}{\eta} - 2\beta KT \end{aligned}$$

が成り立つ．よって，少なくとも$1-\delta$の確率で

$$\begin{aligned} \mathrm{Regret}(T) =& G_* - G_{\mathrm{Exp3.P}} \\ \leq& (\gamma + 2\eta K)G_* + \frac{\log K}{\eta} + 2\beta KT \end{aligned}$$

が成り立つ．　□

以下の系より，適切なパラメータを用いればExp3.P 方策のリグレットは，少なくとも$1-\delta$の確率で，$\mathrm{O}(\sqrt{TK\log(K/\delta)})$であることがわかります．

系 5.7（最適パラメータでの Exp3.P 方策の高確率リグレット上界）

$0 < \delta < 1$ に対して，$T \geq (\log(K/\delta))/K$ のとき，Exp3.P 方策のリグレット $\mathrm{Regret}(T)$ は，累積報酬が最大となるアームの累積報酬 G_* の上界 $g \geq G_*$ に対して

$$\beta = \sqrt{\frac{1}{KT}\log\frac{K}{\delta}}, \quad \gamma = \min\left\{\frac{1}{2}, \sqrt{\frac{K\log K}{g}}\right\}, \quad \eta = \frac{\gamma}{2K}$$

と設定すれば，少なくとも $1-\delta$ の確率で以下の不等式を満たす．

$$\mathrm{Regret}(T) \leq 4\sqrt{gK\log K} + 2\sqrt{TK\log\frac{K}{\delta}} \tag{5.16}$$

証明. $\sqrt{\frac{K\log K}{g}} > \frac{1}{2}$ のとき $g/4 < K\log K$ であるから

$$4\sqrt{gK\log K} + 2\sqrt{TK\log\frac{K}{\delta}} > 2g + 2\sqrt{TK\log\frac{K}{\delta}} \geq G_* \geq \mathrm{Regret}(T)$$

となり，不等式 (5.16) を満たす．また，$\sqrt{\frac{K\log K}{g}} \leq \frac{1}{2}$ のときには，$\gamma = \sqrt{\frac{K\log K}{g}}$ であるから $\beta = \sqrt{\log(K/\delta)/(KT)}$，$\eta = \gamma/2K$ のとき，定理 5.6 より，少なくとも $1-\delta$ の確率で

$$\begin{aligned}
\mathrm{Regret}(T) \leq& (\gamma + 2\eta K)G_* + \frac{\log K}{\eta} + 2\beta KT \\
=& 2\gamma G_* + \frac{2K\log K}{\gamma} + 2\sqrt{TK\log\frac{K}{\delta}} \\
=& 2G_*\sqrt{\frac{K\log K}{g}} + 2(K\log K)\sqrt{\frac{g}{K\log K}} + 2\sqrt{TK\log\frac{K}{\delta}} \\
\leq& 4\sqrt{gK\log K} + 2\sqrt{TK\log\frac{K}{\delta}}
\end{aligned}$$

となるので，不等式 (5.16) を満たす． □

5.5　敵対的多腕バンディット問題のリグレット下界

パラメータをうまく定めたExp3方策の擬リグレット上界は$\mathrm{O}(TK\log K)$であることがわかりましたが，敵対的多腕バンディット問題に対する方策として，この擬リグレットを達成する方策はよい方策といえるのでしょうか．それをチェックする1つの方法は，敵対的多腕バンディット問題に対する擬リグレット下界，つまりどのような方策に対しても生じてしまう擬リグレットと比較することです．本節では，敵対的多腕バンディット問題に対する擬リグレット下界を求めます．

敵対者が選ぶ報酬の分布として$\{0,1\}^{KT}$上の以下の分布P_*を考えます．まず，K台のスロットマシンのアームから等確率で無作為に1つのアームJを選びます．その後，ある小さな値$0<\epsilon\le 1/2$に対して，各時刻tごと独立に各アームjの報酬$X_j(t)$を，$j\neq J$ならばベルヌーイ分布$\mathrm{Ber}(1/2)$，$j=J$ならばベルヌーイ分布$\mathrm{Ber}(1/2+\epsilon)$に従って発生させます．

プレイヤー方策は，任意のプレイヤーAを固定して考えます．$J=j$で条件をつけたP_*の分布をP_jとし，$J=j$のとき任意のプレイヤーAがアームjを選択する回数をN_jとします．すると，報酬分布P_*のときのプレイヤーAの累積報酬G_{A}の期待値$\mathbb{E}_{P_*}[G_{\mathrm{A}}]$は，$T/2+\epsilon\sum_{j=1}^{K}\mathbb{E}_{P_j}[N_j]/K$と表せます．どのアームの報酬も分布$\mathrm{Ber}(1/2)$に従って発生する分布$P_{\mathrm{unif}}$のときの期待値$\mathbb{E}_{P_{\mathrm{unif}}}[N_j]$と比べた場合，$\mathbb{E}_{P_j}[N_j]$がどれくらい大きな値で上から抑えられるか（補題5.8）を分析することにより，$\mathbb{E}_{P_*}[G_{\mathrm{A}}]$の上界を導きます．

表記を簡単にするために新しい確率変数として$Y_t=(i(t),X_{i(t)}(t))$および$Y^t=(Y_1,Y_2,\ldots,Y_t)$を定義します．これはプレイヤーAが得られる情報すべてであるので，プレイヤーAはY^{t-1}（と乱数）だけに依存して$i(t)$を選択します．つまり，Y_tはY^{t-1}に依存して（乱択アルゴリズムの場合は確率的に）決まります．表記の簡略化のため報酬分布が$P_*,P_j,P_{\mathrm{unif}}$のときの$Y^T$の分布をそれぞれ$P_*(Y^T),P_j(Y^T),P_{\mathrm{unif}}(Y^T)$で表し，それに付随する分布も同様な表記法を用いることにします．

補題 5.8（各アームを選択する回数の期待値の上界）

任意のアーム j を選択する回数 N_j において，以下の不等式が成り立つ．

$$\mathbb{E}_{P_j}[N_j] \leq \mathbb{E}_{P_{\mathrm{unif}}}[N_j] + \frac{T}{2}\sqrt{-\mathbb{E}_{P_{\mathrm{unif}}}[N_j]\log(1-4\epsilon^2)}$$

証明. Y_t および Y^t の実現値を y_t および y^t とする．N_j は Y^T において $Y_t=(j, X_j(t))$ を満たす $t=1,2,\ldots,T$ の数であるから，Y^T の関数 $N_j(Y^T)$ とみなせるので

$$\begin{aligned}
\mathbb{E}_{P_j}[N_j]-\mathbb{E}_{P_{\mathrm{unif}}}[N_j] =& \sum_{y^T} N_j(y^T)(P_j(y^T)-P_{\mathrm{unif}}(y^T)) \\
\leq& \sum_{y^T:P_j(y^T)\geq P_{\mathrm{unif}}(y^T)} N_j(y^T)(P_j(y^T)-P_{\mathrm{unif}}(y^T)) \\
\leq& T\sum_{y^T:P_j(y^T)\geq P_{\mathrm{unif}}(y^T)} (P_j(y^T)-P_{\mathrm{unif}}(y^T)) \\
=& T\|P_j-P_{\mathrm{unif}}\|_1
\end{aligned} \tag{5.17}$$

が成り立つ．ただし $\|P_j-P_{\mathrm{unif}}\|_1$ は全変動距離 (2.3) とする．また，ピンスカーの不等式 (2.4) より

$$\|P_j-P_{\mathrm{unif}}\|_1^2 \leq \frac{1}{2}D(P_{\mathrm{unif}}\|P_j) \tag{5.18}$$

が成り立つ．KL ダイバージェンス（相対エントロピー）のチェイン則 [21] より，

$$\begin{aligned}
&D(P_{\mathrm{unif}}\|P_j) \\
=&\sum_{t=1}^{T} D(P_{\mathrm{unif}}(Y_t|Y^{t-1})\|P_j(Y_t|Y^{t-1}))
\end{aligned}$$

$$
\begin{aligned}
&= \sum_{t=1}^{T} D(P_{\mathrm{unif}}(X_{i(t)}(t)|Y^{t-1}, i(t)) \| P_j(X_{i(t)}(t)|Y^{t-1}, i(t))) \\
&\qquad\qquad (\because D(P_{\mathrm{unif}}(i(t)|Y^{t-1}) \| P_j(i(t)|Y^{t-1})) = 0) \\
&= \sum_{t=1}^{T} \sum_{y^{t-1}, i} P_{\mathrm{unif}}(y^{t-1}, i(t) = i) D(P_{\mathrm{unif}}(X_i(t)|y^{t-1}, i) \| P_j(X_i(t)|y^{t-1}, i)) \\
&= \sum_{t=1}^{T} \sum_{y^{t-1}} P_{\mathrm{unif}}(y^{t-1}) \times \\
&\qquad \left[P_{\mathrm{unif}}(i(t) = j|y^{t-1}) D(P_{\mathrm{unif}}(X_j(t)|y^{t-1}, j) \| P_j(X_j(t)|y^{t-1}, j)) \right. \\
&\qquad \left. + \sum_{i \neq j} P_{\mathrm{unif}}(i(t) = i|y^{t-1}) D(P_{\mathrm{unif}}(X_i(t)|y^{t-1}, i) \| P_j(X_i(t)|y^{t-1}, i)) \right] \\
&= \sum_{t=1}^{T} \sum_{y^{t-1}} P_{\mathrm{unif}}(y^{t-1}) \left[P_{\mathrm{unif}}(i(t) = j|y^{t-1}) D(\mathrm{Ber}(1/2) \| \mathrm{Ber}(1/2 + \epsilon)) \right. \\
&\qquad \left. + P_{\mathrm{unif}}(i(t) \neq j|y^{t-1}) D(\mathrm{Ber}(1/2) \| \mathrm{Ber}(1/2)) \right] \\
&= \sum_{t=1}^{T} P_{\mathrm{unif}}(i(t) = j) \left(-\frac{1}{2} \log(1 - 4\epsilon^2) \right) \\
&= \mathbb{E}_{P_{\mathrm{unif}}}[N_j] \left(-\frac{1}{2} \log(1 - 4\epsilon^2) \right) \qquad (5.19)
\end{aligned}
$$

不等式 (5.17),(5.18),(5.19) より，補題 5.8 が導かれる. □

補題 5.8 を用いて，報酬分布 P_* を用いる敵対者に対する擬リグレットの下界が導かれます.

定理 5.9（報酬分布 P_* を用いる敵対者に対する擬リグレット下界）

報酬分布が P_* のとき，任意のプレイヤー方策の擬リグレット $\overline{\mathrm{Regret}}(T)$ に関して，以下の不等式が成り立つ．

$$\overline{\mathrm{Regret}}(T) \geq \epsilon \left(T - \frac{T}{K} - \frac{T}{2}\sqrt{-\frac{T}{K}\log(1-4\epsilon^2)} \right)$$

証明. 任意のプレイヤー方策を A とすると

$$\begin{aligned}
\mathbb{E}_{P_*}[G_{\mathrm{A}}] =& \frac{1}{K}\sum_{j=1}^{K}\mathbb{E}_{P_j}[G_{\mathrm{A}}] \\
=& \frac{1}{K}\sum_{j=1}^{K}\sum_{t=1}^{T}\mathbb{E}_{P_j}[X_{i(t)}(t)] \\
=& \frac{1}{K}\sum_{j=1}^{K}\sum_{t=1}^{T}\left(\left(\frac{1}{2}+\epsilon\right)P_j(i(t)=j) + \frac{1}{2}P_j(i(t)\neq j)\right) \\
=& \frac{1}{K}\sum_{j=1}^{K}\sum_{t=1}^{T}\left(\frac{1}{2}+\epsilon P_j(i(t)=j)\right) \\
=& \frac{1}{K}\sum_{j=1}^{K}\left(\frac{T}{2}+\epsilon\mathbb{E}_{P_j}[N_j]\right) \\
\leq& \frac{T}{2}+\epsilon\frac{1}{K}\sum_{j=1}^{K}\left(\mathbb{E}_{P_{\mathrm{unif}}}[N_j] + \frac{T}{2}\sqrt{-\mathbb{E}_{P_{\mathrm{unif}}}[N_j]\log(1-4\epsilon^2)}\right)
\end{aligned} \tag{5.20}$$

が成り立つ．ここに，最後の不等号は補題 5.8 を用いた．$\sum_{j=1}^{K}\mathbb{E}_{P_{\mathrm{unif}}}[N_j] = T$ と $\sum_{j=1}^{K}\sqrt{\mathbb{E}_{P_{\mathrm{unif}}}[N_j]} \leq \sqrt{K\sum_{j=1}^{K}\mathbb{E}_{P_{\mathrm{unif}}}[N_j]} = \sqrt{KT}$ より

$$
\begin{aligned}
&\epsilon \frac{1}{K}\sum_{j=1}^{K}\left(\mathbb{E}_{P_{\mathrm{unif}}}[N_j] + \frac{T}{2}\sqrt{-\mathbb{E}_{P_{\mathrm{unif}}}[N_j]\log(1-4\epsilon^2)}\right) \\
\leq &\epsilon\frac{T}{K} + \frac{T}{2}\sqrt{-\frac{T}{K}\log(1-4\epsilon^2)}
\end{aligned} \tag{5.21}
$$

が成立する．したがって不等式 (5.20),(5.21) より

$$
\mathbb{E}_{P_*}[G_{\mathrm{A}}] \leq \frac{T}{2} + \epsilon\frac{T}{K} + \frac{T}{2}\sqrt{-\frac{T}{K}\log(1-4\epsilon^2)}
$$

が成り立つ．よって

$$
\begin{aligned}
\overline{\mathrm{Regret}}(T) &= \max_{i\in\{1,\ldots,K\}} \mathbb{E}_{P_*}[G_i] - \mathbb{E}_{P_*}[G_{\mathrm{A}}] \\
&\geq \epsilon\left(T - \frac{T}{K} - \frac{T}{2}\sqrt{-\frac{T}{K}\log(1-4\epsilon^2)}\right)
\end{aligned}
$$

が成り立つ． □

報酬分布 P_* は ϵ というパラメータをもちますが，これを適切な値に設定することにより，$T \geq K$ の場合の敵対的多腕バンディット問題に対するプレイヤー方策の擬リグレット下界 $\Omega(\sqrt{KT})$ を導くことができます（系 5.10）．

系 5.10（敵対的多腕バンディット問題の擬リグレット下界）

$K \geq 2$ のとき，多腕バンディット問題において，ある敵対者の方策が存在し，任意のプレイヤー方策に対し，擬リグレット $\overline{\mathrm{Regret}}(T)$ が不等式

$$
\overline{\mathrm{Regret}}(T) \geq \frac{1}{20}\min\{\sqrt{KT}, T\} \tag{5.22}
$$

を満たす．

証明. 関数 $y = -\log(1-x)$ は原点と点 $(1/4, \log(4/3))$ を通る凸関数であり，$\log(4/3) \leq 9/25$ であるので $0 \leq x \leq 1/4$ において不等式

$$-\log(1-x) \leq \frac{36}{25}x \tag{5.23}$$

を満たす．報酬分布 P_* において，$\epsilon = \min\{\sqrt{K/T}, 1\}/4$ とすると，$0 \leq 4\epsilon^2 \leq 1/4$ を満たすので，定理 5.9 および不等式 (5.23) より，任意のプレイヤー方策に対して

$$\begin{aligned}
\overline{\mathrm{Regret}}(T) \geq& \epsilon \left(T - \frac{T}{K} - \frac{T}{2}\sqrt{-\frac{T}{K}\log(1-4\epsilon^2)}\right) \\
\geq& \epsilon \left(T - \frac{T}{K} - \frac{6}{5}\epsilon T\sqrt{\frac{T}{K}}\right) \\
\geq& \epsilon T \left(\frac{1}{2} - \frac{6}{5}\epsilon\sqrt{\frac{T}{K}}\right) \quad (\because K \geq 2)
\end{aligned} \tag{5.24}$$

が成り立つ．$\epsilon = 1/4$ のとき，$T/K \leq 1$ であるから

$$\epsilon T \left(\frac{1}{2} - \frac{6}{5}\epsilon\sqrt{\frac{T}{K}}\right) \geq \frac{1}{4}T\left(\frac{1}{2} - \frac{6}{5}\cdot\frac{1}{4}\right) = \frac{1}{20}T \tag{5.25}$$

が成立する．$\epsilon = \sqrt{K/T}/4$ のとき，

$$\epsilon T \left(\frac{1}{2} - \frac{6}{5}\epsilon\sqrt{\frac{T}{K}}\right) = \frac{1}{4}\sqrt{KT}\left(\frac{1}{2} - \frac{6}{5}\cdot\frac{1}{4}\right) = \frac{1}{20}\sqrt{KT} \tag{5.26}$$

が成り立つ．

よって不等式 (5.24), (5.25) および等式 (5.26) より，不等式 (5.22) が成り立つ． □

5.6 最適オーダーの方策

系 5.10 により示された，敵対的多腕バンディット問題に対する擬リグレット下界 $\Omega(\sqrt{KT})$ と，系 5.4 により示された Exp3 方策による擬リグレット上界 $\mathrm{O}(\sqrt{TK\log K})$ には，$\sqrt{\log K}$ のギャップがあります．オーディベールとブベックは 2009 年に，このギャップを埋める理論を発表しました [4]．彼らが提案したプレイヤー方策は，**INF 方策** (Implicit Normalized Forcaster policy) という方策で，Exp3 方策を含む一般的な方策です．INF 方策では，時刻 t においてアーム i の選択確率 $p_{i,t}$ を，アーム i における時刻 $t-1$ までの累積報酬推定値 $\hat{G}_{i,t}$ と条件

$$\psi' > 0, \qquad \lim_{x\to-\infty}\psi(x) < 1/K, \qquad \lim_{x\to 0}\psi(x) \geq 1 \tag{5.27}$$

を満たす連続微分可能関数 $\psi : (-\infty, 0) \to (0, \infty)$ を用いて，

$$p_{i,t} = \psi(\hat{G}_{i,t} - C(\hat{G}_{1,t}, \ldots, \hat{G}_{K,t}))$$

により計算します．ただし，関数 $C : [0, \infty)^K \to \mathbb{R}$ は以下の条件を満たす連続微分可能関数とします．

$$\max_{i\in\{1,\ldots,K\}} x_i < C(x_1, \ldots, x_K) \leq \max_{i\in\{1,\ldots,K\}} x_i - \psi^{-1}(1/K) \tag{5.28}$$

$$\sum_{i=1}^{K} \psi(x_i - C(x_1, \ldots, x_K)) = 1 \tag{5.29}$$

条件 (5.27) を満たすすべての連続微分可能関数 ψ に対して，条件 (5.28) および (5.29) を満たす連続微分可能関数 C が存在することが証明できますが，**閉形式** (closed-form) で表現できるとは限りません．Exp3 方策は，

$$\psi(x) = \mathrm{e}^{\eta x} + \frac{\gamma}{K}$$

を用いた INF 方策とみることができ，この関数 ψ に関しては条件 (5.28) および (5.29) を満たす連続微分可能関数 C は

$$C(x_1, \ldots, x_K) = \frac{1}{\eta}\log\frac{\sum_{i=1}^{K}\mathrm{e}^{\eta x_i}}{1-\gamma}$$

と閉形式で表現できます．関数 ψ として

$$\psi(x) = \left(\frac{\eta}{-x}\right)^q + \frac{\gamma}{K}$$

を用いた INF 方策は，**Poly INF 方策** (Poly INF policy) とよばれ，パラメータ q, η, γ の値をうまく設定すると，定理 5.11 のように $\mathrm{O}(\sqrt{KT})$ の擬リグレット上界を証明できますが，C を求めるのに条件 (5.29) から導かれる C に関する方程式

定理 5.11 ($q=2$ の Poly INF 方策の擬リグレット上界)

$\gamma=\min\left\{\frac{1}{2},\sqrt{\frac{3K}{T}}\right\}$, $\eta=\sqrt{5T}$ のとき，$q=2$ の Poly INF 方策の擬リグレット $\overline{\mathrm{Regret}}(T)$ に関して以下の不等式が成り立つ．

$$\overline{\mathrm{Regret}}(T)\le 8\sqrt{KT}$$

$$\sum_{i=1}^{K}\left(\frac{\eta}{C-x_i}\right)^q=1-\gamma$$

を解く必要があり，「5 次以上の代数方程式には代数的に解く方法は存在しない」という**アーベル・ルフィニの定理** (Abel-Ruffini theorem) より，一般の K,q に対して閉形式で関数 C を表すことができません．

$q=2$ のときの Poly INF 方策は，**アルゴリズム 5.5** のように記述できます．

アルゴリズム 5.5 Poly INF 方策 ($q = 2$)

パラメータ： $\eta > 0, \gamma \in [0, 1)$
初期化： $\hat{G}_{1,1} = \cdots = \hat{G}_{K,1} = 0$

各時刻 $t = 1, 2, \ldots, T$ において以下のことを繰り返す.

1: 以下の分布 $(p_{1,t}, \ldots, p_{K,t})$ に従って，アーム $i(t) \in \{1, \ldots, K\}$ を選択する.

$$p_{i,t} = \left(\frac{\eta}{C(\hat{G}_{1,t}, \ldots, \hat{G}_{K,t}) - \hat{G}_{i,t}}\right)^2 + \frac{\gamma}{K}$$

ただし，関数 $C : [0, \infty)^K \to \mathbb{R}$ は以下の条件を満たす連続微分可能関数とする.

$$\max_{i \in \{1,\ldots,K\}} x_i < C(x_1, \ldots, x_K) \le \max_{i \in \{1,\ldots,K\}} x_i + \eta\sqrt{\frac{K}{1-\gamma}}$$

$$\sum_{i=1}^{K} \left(\frac{\eta}{C(x_1, \ldots, x_k) - x_i}\right)^2 = 1 - \gamma$$

2: 報酬 $X_{i(t)}(t)$ を得る.

3: 各アーム i の報酬の推定値 $\hat{X}_i(t)$ を以下の式で計算する.

$$\hat{X}_i(t) = \begin{cases} \frac{X_i(t)}{p_{i,t}} & (i = i(t)) \\ 0 & (i \neq i(t)) \end{cases}$$

4: 各アーム i の累積報酬の推定値を更新する.

$$\hat{G}_{i,t+1} = \hat{G}_{i,t} + \hat{X}_i(t) \qquad (i = 1, \ldots, K)$$

Chapter 6

最適腕識別とA/Bテスト

これまでの章で述べたバンディット問題では，各スロットマシンの期待値を推定（探索）しつつ適切な頻度で現時点で期待値最大と推定されるマシンを選択（知識利用）することで，累積報酬を最大化することを目的としました．一方で実用上の場面では，探索の期間が明確に区別されていて，その期間中で期待値最大のスロットマシンを高確率で識別したい，という問題も多く現れます．本章では，このような純粋な探索の問題における効率的な方策について議論します．

新製品や新たなウェブサイトの開発を行う場合，試用を行う期間と量産や本稼働を行う期間が明確に区別されている場合が多くあります．この場合，試用期間の目標は累計売上や総クリック数といった累積報酬の最大化ではなく，売上最大の製品やクリック率最大のデザインの識別となります．**最適腕識別** (best arm identification) はこの問題を定式化したもので，K 個のスロットマシンのアームに対して，なるべく少ない総選択数で期待値最大のアームを高確率で判別することを目指します．特に，ウェブサイトの最適化などに用いられる **A/B テスト** (A/B testing) は $K = 2$ の場合の最適腕識別とみなすことができます．なお,「バンディット問題」という用語は，文脈によって累積報酬の最大化のみを指す（→最適腕識別は含まない）場合と,「選択した行動についてしか情報が得られない」という設定一般を指す（→最適腕識別を含む）場合があり，本章では前者の意味を表すことにします．

6.1 定式化

確率的バンディット問題と同様に，各アーム $i = 1, 2, \ldots, K$ からの報酬の確率分布を P_i とし，その期待値を μ_i で表します．また，期待値最大のアームを $i^* = \mathrm{argmax}_{i \in \{1,2,\ldots,K\}} \mu_i$ で表し，これを最適腕ともよびます．以下では表記を簡単にするため，特に断りのない限り各アームの期待値 μ_i が添字順に $\mu_1 \geq \mu_2 \geq \cdots \geq \mu_K$ と並んでいるとします（当然，プレイヤーはそのことを知らないとします）．また，$\Delta_i = \mu_1 - \mu_i$ と定義します．

プレイヤーは各時刻 $t = 1, 2, \ldots$ にいずれかのアーム $i = i(t)$ を引き，確率分布 P_i に独立に従う報酬 $X_i(t)$ を観測します．また，計 T 回アームを引いた後に i^* の推定値 $\hat{i}^*(T)$ を回答し，その誤り確率（誤識別率）$P_{\mathrm{e}} = \mathbb{P}[\hat{i}^*(T) \neq i^*]$ を最小化するのがプレイヤーの目的となります．この問題は総選択数 T が固定されているという意味で**固定予算** (fixed budget) の最適腕識別問題とよばれます *1．

一方，総選択数をプレイヤーが可変で決められる設定として，**固定信頼度** (fixed confidence) の最適腕識別問題についても多くの研究があります．これは，事前に定めた $\delta \in (0, 1)$ に対して，誤識別率が δ 以内であると確信できるまで選択を続けるものです．この設定においては，プレイヤーは各時刻ごとに次に引くアーム $i(t)$ を選択するとともに，探索を終了するための**停止規則** (stopping rule) を適切に設定する必要があります．設定した停止規則のもとでの停止時刻を τ とするとき，プレイヤーの目的は $\mathbb{P}[\hat{i}^*(\tau) \neq i^*] \leq \delta$ を満たしつつ，$\mathbb{E}[\tau]$ を小さくする（あるいは高確率で τ を小さくする）方策を構成することとなります．

なお，最も期待値の高いアームを探すのではなく，期待値の高い上位 m 個のアームをすべて列挙するという問題を考えることもでき，これまでに述べた設定は $m = 1$ の場合に対応します．これらは通常の $m = 1$ の場合の理論や方策をほとんどそのまま適用できるため以下では扱いませんが，本章で引用する文献の多くはこちらの一般化した問題についても扱っています．

*1 固定予算の設定では，通常 T は既知とします．

6.1.1 累積報酬最大化との違い

最適腕識別（あるいはA/Bテスト）においてよくある誤解として，「最適腕識別は知識の利用が不要であるぶん，通常のバンディット問題より簡単な問題である」というものがあります．知識の利用が不要であるということはそれだけバンディット問題より高精度で最適腕を識別することが求められるということであり，また理論的にも未解決な問題がバンディット問題に比べて多く残っています．

また，「多腕バンディット問題と同じ方策を用いればよい性能が達成できる」というのも同様に誤解です．バンディット問題と最適腕識別では「期待値最大である可能性が高いアームに多くの選択数を割り振り，その可能性の低そうなアームについては早めに探索を打ち切る」という直感的な方針については共通していますが，これはUCBやトンプソン抽出といった報酬最大化のための方策をそのまま適用してよいということではありません．これは次の例により簡単に理解できます．

例 6.1 （正規分布のA/Bテスト）

$K=2$ 本のアームからの報酬がそれぞれ分散既知の正規分布 $\mathcal{N}(\mu_i, \sigma^2)$ に従うとし，固定予算 T での最適腕識別を考えます．以下では（一般性を失わずに）$\mu_1 > \mu_2$ と仮定します．

さて，この問題の（ほとんど自明な）最適方策は，両方のアームを $T/2$ 回ずつ引いた後に標本平均 $\hat{\mu}_i$ が大きいアーム $\hat{i}^*(T) = \mathrm{argmax}_i\, \hat{\mu}_i$ を最適腕の推定値とするものです．この場合，標本平均の差 $\hat{\mu}_2 - \hat{\mu}_1$ は正規分布 $\mathcal{N}(\mu_2 - \mu_1, 4\sigma^2/T)$ に従うため，この方策の誤識別率 P_e は標準正規分布の累積分布関数 $\Phi(x)$ に対して

$$P_\mathrm{e} = P_{X \sim \mathcal{N}(\mu_2 - \mu_1, 4\sigma^2/T)}[X \geq 0] = 1 - \Phi\left(\frac{\sqrt{T}(\mu_1 - \mu_2)}{2\sigma}\right) \approx \mathrm{e}^{-\frac{T(\mu_1 - \mu_2)^2}{8\sigma^2}}$$

となり，総選択数 T に対して指数関数的な減衰が達成できます．一方，この方策では期待値最大でないアームを必ず $T/2$ 回引くため，累積報酬の意味では regret $= (\mu_1 - \mu_2)T/2$ という線形オーダーのリグレットが生じてしまいます．

次に，この問題に報酬最大化のためのアルゴリズム（ここでは例えばKL-UCB 方策とします）をそのまま適用した場合を考えます．正規分布間の KL ダイバージェンスが $D(\mathcal{N}(\mu_1,\sigma^2)\|\mathcal{N}(\mu_2,\sigma^2)) = \frac{(\mu_2-\mu_1)^2}{2\sigma^2}$ と表されることを用いると，正規分布モデルにおける KL-UCB 方策はスコア

$$\overline{\mu}_i(t) = \hat{\mu}_i + \sqrt{\frac{2\log t}{n_i}}$$

が最大のアームを引く方策となります．この方策のもとで，最適腕に比べて期待値が $\Delta > 0$ だけ小さいアーム i を引く回数は，1 に近い確率で $N_i(T) = \frac{\log T}{D(\mathcal{N}(\mu^*-\Delta,\sigma^2)\|\mathcal{N}(\mu^*,\sigma^2))} = \frac{2\sigma^2\log T}{\Delta^2}$ 程度で抑えられることが示されます．この結果は，$\frac{2\sigma^2\log T}{\Delta^2}$ 回程度引いた時点で期待値が最大のものより $\Delta > 0$ 以上小さいことが見込まれるアームはそれ以降ほぼ引かれないことを意味しています．

以上のことから，アーム 2 からの標本平均が $\hat{\mu}_2 \approx \mu_2$ となり，アーム 1 からの $T_0 = \frac{2\sigma^2\log T}{\Delta^2}$ 個のサンプルの標本平均が $\hat{\mu}_1 \approx \mu_2 - \Delta$ となった場合には，KL-UCB 方策のもとではアーム 1 をそれ以降一切引かずにアーム 2 を最適腕だと誤識別してしまいます．このような事象は

$$\mathbb{P}[\hat{\mu}_1 \approx \mu_2 - \Delta] \approx \mathrm{e}^{-T_0\frac{(\mu_1-\mu_2+\Delta)^2}{2\sigma^2}} = T^{-\frac{(\mu_1-\mu_2+\Delta)^2}{\Delta^2}}$$

程度の確率で起こり，ここで $\Delta > 0$ が任意であったことから最も精密な下限をとると，誤識別率が $P_\mathrm{e} \gtrsim T^{-1}$ となることがわかります．

例 6.1 のように，累積報酬最大化のための方策では選択数のほとんどが期待値最大と推定されるアームに費やされるため，最適腕とそれ以外のアームで選択数の偏りが非常に大きくなります．結果として，例えば $\mathrm{O}(\log T)$ の（累積報酬の意味での）リグレットを達成するアルゴリズムでは，多項式オーダー $\mathrm{e}^{-\mathrm{O}(\log T)}$ の誤識別率しか達成できないことが示されます．一方，各アームの選択数を同程度のオーダーにすることで，$\mathrm{e}^{-\mathrm{O}(T)}$ の誤識別率が達成可能であり，累積報酬最大化と最適腕識別が（解析の枠組みは似ているにもかかわらず）両立できない問題であることがわかります．

6.1.2 ϵ-最適腕識別

最適腕識別の理想的な目標は期待値最大のアームを識別する，すなわち「期待値が $\mu^* = \max_i \mu_i$ のアームを発見する」ということですが，これは下記の例で説明するように本質的に解決不可能な問題を含んでいます．そこで，許容幅 $\epsilon \geq 0$ を事前に定めて，「期待値が $\mu^* - \epsilon$ 以上のアームを1つ以上発見する」という問題を代わりに考えることで現実的な性能が得られる場合があります．このように許容幅 $\epsilon \geq 0$ を設定する定式化は **ϵ-最適腕識別** (ϵ-best arm identification) とよばれ，期待値が $\mu^* - \epsilon$ 以上のアームを ϵ-最適腕とよびます．厳密な最適腕識別は $\epsilon = 0$ の場合に対応します．

例として，それぞれ報酬が分散 $\sigma^2 = 1$ の正規分布に従う3本のアームがあり，報酬期待値がそれぞれ $\mu_i = 0.501, 0.5, 0.1$ である場合を考えます．アーム1とアーム2の期待値は非常に近いため，そのどちらが真に期待値が大きいかを判断するには大量のサンプルが必要になります．

ここで，まずアーム3が最適腕でないことを事前に知っている場合を考えます．このとき，例6.1と同じ議論により，誤識別率は少なくとも $\mathrm{e}^{-\frac{T(\mu_1-\mu_2)^2}{8\sigma^2}} = \mathrm{e}^{-\frac{0.000001}{8}T}$ 程度以上となります．これはアーム3について事前知識があるというプレイヤーに有利な状況での結果であるため，アーム3の期待値についてまったく未知である場合の誤識別率は $\mathrm{e}^{-\frac{0.000001}{8}T}$ 程度よりさらに大きくなります．

一方，アーム3の期待値が $0.5 \approx 0.501$ より大きいかどうかを誤識別率 $\mathrm{e}^{-\frac{0.000001}{8}T}$ 程度以内で識別するためには，

$$\mathrm{e}^{-n_3\frac{(0.5-\mu_1)^2}{2\sigma^2}} \leq \mathrm{e}^{-\frac{0.000001}{8}T}$$

を満たすようにアーム3からのサンプル数 n_3 をとる，すなわち $n_3 \geq \frac{0.0001}{64}T$ とすれば十分です．したがって，n_3 を $\frac{0.0001}{64}T$ 程度より大きくとった場合には，アーム2を最適腕として誤識別する確率が全体の誤識別率のうちで支配的となり，それ以上アーム3を引いても誤識別率のオーダーは改善しません．

以上の議論から，「最適な」方策のもとでは総選択数 T のうちアーム3を引く割合を高々 $\frac{0.0001}{64} \approx 0.00017\%$ 程度以内に抑えるべきであり，それ以外はすべてアーム1とアーム2の比較に費やすべきということがいえます．このような方策は誤識別率をそれ以上改善できないという意味では最適です

が，一方でアーム 3 を最適腕として誤識別する確率が $e^{-\frac{0.000001}{8}T}$ 程度となり，指数関数的な減衰ながら極めて遅い収束速度となってしまいます．

一方，真の最適腕を発見できたか，それより期待値が 0.001 だけ劣ったものしか発見できなかったかは実用上は興味がない場合がほとんどです．そこで $\epsilon > 0.001$ に対して ϵ-最適腕識別の方策を適用することにより，総選択数の大部分を極めて似通ったアームの比較に費やすことがなくなり，アーム 3 という大きく劣ったアームを最適腕として誤識別する確率を上記の場合に比べて大幅に小さく抑えることができます．このように，厳密な最適腕識別と ϵ-最適腕の識別問題はそもそも別の方策が必要であり，許容可能な ϵ はプレイヤー側が事前に設計すべき量となります．

6.1.3 単純リグレット

上記の設定と同様に，「最終的に選択したアームの期待値がベストなものに厳密に一致しなくても十分近ければよい」という方針を定式化する方法として，最終的に選択したアーム $\hat{i}^*(T)$ と真の最適腕の間の期待値の差

$$\Delta(T) = \mu^* - \mu_{\hat{i}^*(T)} \tag{6.1}$$

の期待値を最小化するという設定を考えることもでき，式 (6.1) の形の損失を**単純リグレット** (simple regret) とよびます．これは許容幅 ϵ をプレイヤー側で設定する必要がないという点で自然な定式化となっていますが，このような目的に合わせて作られた方策は必ずしも実用的とはいえません．

アーム $i \neq 1$ を最適腕として誤識別する確率を p_i とするとき，誤識別率と単純リグレットはそれぞれ

$$\mathbb{P}[\hat{i}^*(T) \neq 1] = \sum_{i \neq 1} 1 \cdot p_i$$

$$\mathbb{E}[\Delta(T)] = \sum_{i \neq 1} \Delta_i \cdot p_i$$

と表すことができ，これらは p_i の係数部分にしか違いがありません．一方，p_i は全体の総選択数 T に関して指数関数的な形 $e^{-a_i T}$ で抑えることができるため，これらの係数部の違いは漸近的な挙動にほとんど影響しません．したがって，単純リグレット最小化のための「よい」方策は，誤識別率最小化

のための方策と結局ほとんど同じものとなります．

以上のことから，前節で述べた $\mu_i = 0.5001, 0.5, 0.1$ といった場合に対して選択数が大きく偏るという問題は単純リグレット最小化を考えたとしても解決できず，このことが単純リグレット最小化でなく ϵ-最適腕識別がよく考えられる理由となっています．そのため本章では単純リグレットの最小化は以降考えず，累積報酬最大化あるいは累積リグレット最小化のことを単に「リグレット最小化」とよぶことにします．なお，8 章で扱う無限個のスロットマシンがある設定においては，誤識別率を 1 より小さくすることがほぼ不可能であるため，単純リグレットの評価が重要となります．

6.2 標本複雑度

最適腕識別でもリグレット最小化と同様に達成可能な性能について理論限界が存在することがある程度知られており，所定の誤識別率を達成するのに必要な試行回数の指標を**標本複雑度** (sample complexity) とよびます．

以下では，各アームからの報酬が区間 $[0,1]$ 上に分布している場合を考えます．このモデルに対し，ϵ-最適腕識別における問題の難しさ H_ϵ をここでは次の量により定義し，これを以降では標本複雑度として用います [*2]．

$$H_\epsilon = \frac{1}{2(\mu_1 - \mu_2 + \epsilon)^2} + \sum_{i=2}^{K} \frac{1}{2(\mu_1 - \mu_i + \epsilon)^2} \tag{6.3}$$

標本複雑度 H_ϵ の問題 $\mu_1 \geq \mu_2 \geq \cdots \geq \mu_K$ に対して誤識別率 $\delta > 0$ で ϵ-最適腕識別を行うためには，一般に

$$H_\epsilon \log(1/\delta) \tag{6.4}$$

程度のサンプル数が必要となります．この量は $\epsilon = 0$ かつ μ_2 を μ_1 に近づけたとき発散しますが，$\epsilon > 0$ では高々 $K/(2\epsilon^2)$ と有限値で抑えられ，そのこ

*2 複雑度の定義は式 (6.3) のほかにも例えば

$$H'_\epsilon = \frac{1}{2(\max\{\mu_1 - \mu_2, \epsilon\})^2} + \sum_{i=2}^{K} \frac{1}{2(\max\{\mu_1 - \mu_i, \epsilon\})^2} \tag{6.2}$$

といったものがあり文献により異なったものが用いられますが，これらのほとんどは定数倍の違いを除いて同値です．例えば式 (6.2) については $H_\epsilon \leq H'_\epsilon \leq 4H_\epsilon$ となります．

とが ϵ-最適腕識別を考える利点の 1 つとなります．この量は直感的には以下のように解釈できます．

まずアーム 2 の期待値が μ_2 であることをすでに知っているというプレイヤーに有利な状況を仮定して，その場合にアーム 1 が ϵ-最適腕であることを確認するために最低限必要なサンプル数を考えます．ここでアーム 1 が ϵ-最適腕でない，すなわち真の期待値が $\mu_2 - \epsilon$ 未満だった場合には，そこからのサンプル n_1 個の標本平均が偶然 $\hat{\mu}_1 \approx \mu_1$ となる確率は，ヘフディングの不等式によれば $\mathrm{e}^{-2n(\mu_1-\mu_2+\epsilon)^2}$ 程度となります．したがって，アーム 1 のサンプル数が少なくとも $n_1 = \frac{1}{2(\mu_1-\mu_2+\epsilon)^2}\log(1/\delta)$ 程度なければアーム 1 の真の期待値が $\mu_2 - \epsilon$ 未満であるという仮説を棄却することができません．

次に，アーム 1 の期待値が μ_1 であることをすでに知っているという状況を考えます．このときアーム 1 が ϵ-最適腕であることを確認するためには，各 $i \neq 1$ の期待値が $\mu_1 + \epsilon$ 以下であることを確認する必要があり，そのためには $n_i = \frac{1}{2(\mu_1-\mu_i+\epsilon)^2}\log(1/\delta)$ 程度のサンプル数が各アームについて必要となることがまったく同様の議論によりわかります．

これらはプレイヤーについて有利な状況を考えていることから各アームについて実際に必要なサンプル数の下界となり，それらを足し合わせることにより全体として $H_\epsilon \log(1/\delta)$ のサンプル数が必要であることがわかります．

なお，上記の議論では，ヘフディングの不等式が単なる上界式であり必ずしも指数の意味で精密でないことを無視しています．さらに，これらはアーム 1 が ϵ-最適腕であることを確認するために必要なサンプル数について議論していますが，実際には ϵ-最適腕はアーム 1 のみとは限らないため，式 (6.4) は必要なサンプル数の厳密な意味での下界とはなりません．それでも，ヘフディングの不等式を用いた部分を大偏差原理に基づく確率評価式に置き換えた議論により，必要なサンプル数の下界を同種の形式で与えることができます [52]．ただし，最適腕識別においては，$\epsilon = 0$ かつ $K = 2$ といった限られた設定のみでしかサンプル数の下界と達成可能であることがわかっている上界が漸近的に一致しておらず，まだ未解決の部分が多く残っています [38]．

6.3　最適腕識別の方策

ここでは，厳密な最適腕識別および ϵ-最適腕識別の両方を含む設定として，

事前に定めた $\epsilon \geq 0$ に対して ϵ-最適腕識別を行う方策について考えます．以下では，まず固定信頼度の設定に対する方策を 2 つ紹介し，6.4 節でそれらの方策を固定予算の場合に応用する方法について紹介します．

リグレット最小化の場合と同様に，方策の構成において中心的な役割を果たすのが信頼区間の考え方です．ここで累積報酬最大化において**信頼上限** (Upper Confidence Bound, UCB) をアーム選択の規準として用いることが有効だったのに対して，最適腕識別では以下で説明するように**信頼下限** (Lower Confidence Bound, LCB) も同時に考えることが重要となります．

累積報酬最大化の場合，その時点で標本平均最大のアーム $\hat{i}^*$ は累積報酬を稼ぐためにほかのアームに比べて頻繁に引かれるため，サンプル数が大幅に多くなります．そのため，UCB スコア $\overline{\mu}_{\hat{i}^*}$ と $\overline{\mu}_i$ を比較することは真値 $\mu_{\hat{i}^*}$ と信頼区間の上限 $\overline{\mu}_i$ を比較することとほとんど同値であり，その結果として単純な UCB スコアの比較により $\hat{i}^*$ が真に期待値最大かどうかを検証することができました．

一方で最適腕識別の場合，標本平均最大のアーム $\hat{i}^*$ の選択数はほかのアームと同程度のオーダーとなります．そのため，$\hat{i}^* = \mathrm{argmax}_i\, \hat{\mu}_i$ が真の最適腕であるかを検証するためには，「$\hat{\mu}_{\hat{i}^*}$ が偶然大きくなった」「$i \neq \hat{i}^*$ で $\hat{\mu}_i$ が偶然小さくなった」という両方の可能性を考慮する必要があります．そこで，前者の寄与を割り引くためにアーム $\hat{i}^*$ の期待値についての信頼下限を考えることで，$\hat{i}^*$ が真の最適腕かを高精度で検証することができます．

6.3.1 一様選択に基づく方法

これまで述べたように，最適腕識別では各アームの選択数が同程度のオーダーとなることが望ましく，特にアーム数が $K = 2$ の場合には，一様にそれらを選択するのが (分散の差を考えない場合は) ほぼ最適に近くなります *3．この観察に基づき，最適腕である可能性が残っているアームを一様に選択していく方式の 1 つが**アルゴリズム 6.1** で与えられる**逐次削除方策** (successive elimination policy) です．逐次削除方策では ϵ-最適腕である可能性が残っているアームのリストを用意しておき，各反復 $n = 1, 2, \ldots$ においてそのリスト内のアームを 1 回ずつ引きます．さらに，各アームの期待値 μ_i の信頼度

*3 $K = 2$ の場合により厳密に選択比を最適化する方法については文献 [38] などを参照してください．

アルゴリズム 6.1 逐次削除方策

入力： 許容幅 $\epsilon \geq 0$，誤識別率 $\delta > 0$.
パラメータ： 信頼度 $\beta(n, \delta) : \mathbb{N} \times (0,1) \to (0, \infty)$.
1: $\mathcal{R} \leftarrow \{1, 2, \ldots, K\}$, $n \leftarrow 1$.
2: **loop**
3: 　$\mathcal{R}$ に含まれるすべてのアームを 1 回ずつ引く.
4: 　各アーム $i \in \mathcal{R}$ の UCB・LCB スコア (6.5) を計算.
5: 　$\hat{i}^* \leftarrow \mathrm{argmax}_{i \in \mathcal{R}} \hat{\mu}_{i,n}$.
6: 　**if** $\underline{\mu}_{\hat{i}^*,n} + \epsilon > \max_{i \neq \hat{i}^*} \overline{\mu}_{i,n}$ **then**
7: 　　$\hat{i}^*$ を出力して終了.
8: 　**else if** $\underline{\mu}_{\hat{i}^*,n} > \overline{\mu}_i$ なる $i \neq \hat{i}^*$ が存在 **then**
9: 　　そのような i をすべて $\mathcal{R}$ から削除.
10: 　**end if**
11: 　$n \leftarrow n + 1$.
12: **end loop**

$\mathrm{e}^{-\beta(n,\delta)}$ での上界と下界をそれぞれ

$$\overline{\mu}_{i,n} = \hat{\mu}_{i,n} + \sqrt{\frac{\beta(n,\delta)}{2n}}, \quad \underline{\mu}_{i,n} = \hat{\mu}_{i,n} - \sqrt{\frac{\beta(n,\delta)}{2n}} \tag{6.5}$$

により管理し *4，最適腕の期待値の現時点での下界 $\underline{\mu}_{\hat{i}^*}$ に許容幅 ϵ を加えたものがそれ以外のアームの期待値の上界 $\overline{\mu}_{\hat{i}^*}$ を上回った時点で，それを ϵ-最適腕として出力します．さらに，期待値の上界 $\overline{\mu}_{i,n}$ が最適腕の期待値の下界 $\underline{\mu}_{\hat{i}^*,n}$ より小さいアームについては，最適腕である見込みがないとみなして探索候補から除外します．

逐次削除方策における誤識別率について，次の定理が成り立ちます．

*4 n は全体の選択数でなく各アームのサンプル数に対応することから，ここでは反復 n 回までの推定値などを $\hat{\mu}_i(t)$ の代わりに $\hat{\mu}_{i,n}$ といった形で表記します．

定理 6.1 (逐次削除方策の性能)

$\beta(n,\delta)=\log\frac{4Kn^2}{\delta}$ とし，$\delta \le \frac{K(\Delta_2+\epsilon)^2}{32}$ を任意にとる．このとき逐次削除方策は確率 $1-\delta$ 以上で ϵ-最適腕を正しく出力し，かつアルゴリズムが停止するまでの総サンプル数が $256H_\epsilon \log\frac{4K}{\delta}$ で抑えられる．

証明. 次の事象 S を考える．

$$S=\bigcap_{i\in\{1,2,\ldots,K\}}\bigcap_{s\ge 1}\{\underline{\mu}_i(s)\le \mu_i \le \overline{\mu}_i(s)\}.$$

事象 S のもとで，任意の $i\neq 1$ に対して $\overline{\mu}_i(s)\ge\mu_1\ge\mu_2\ge\underline{\mu}_i(s)$ が成り立つため，アルゴリズム 6.1 のステップ 8 でアーム 1 が除外されることはない．したがって，ヘフディングの不等式により誤識別率は次の形で抑えられる．

$$P_{\mathrm{e}}\le\mathbb{P}[S^c]\le 2K\sum_{s=1}^{\infty}\mathrm{e}^{-\beta(s,\delta)}=\sum_{s=1}^{\infty}\frac{\delta}{2s^2}\le\delta.$$

次に ϵ-最適腕でないアーム i を削除するまでのサンプル数を考える．まず $n_i=\frac{128}{(\Delta_i+\epsilon)^2}\log\frac{4K}{\delta}$ とすると，$x\ge 1$ で $\log x<\sqrt{x}$ が成り立つことおよび仮定 $\delta\le\frac{K(\Delta_2+\epsilon)^2}{32}$ より

$$\frac{4Kn_i^2}{\delta}<\left(\frac{128}{(\Delta_i+\epsilon)^2}\right)^2\left(\frac{4K}{\delta}\right)^2\le\left(\frac{4K}{\delta}\right)^4$$

であり，したがって

$$\sqrt{\frac{\beta(n_i,\delta)}{2n_i}}=\sqrt{\frac{\log\frac{4Kn_i^2}{\delta}}{2n_i}}<\sqrt{\frac{4\log\frac{4K}{\delta}}{\frac{256}{(\Delta_i+\epsilon)^2}\log\frac{4K}{\delta}}}=\frac{\Delta_i+\epsilon}{8}\le\frac{\Delta_i}{4} \tag{6.6}$$

が得られる．ただし最後の不等式では，アーム i が ϵ-最適腕でないことを用いた．以上より $\overline{\mu}_i(s_i)-\underline{\mu}_i(s_i)<\frac{\Delta_i}{2}$ が成り立つため，事象 S のもとで

$$\overline{\mu}_{i,n_i}<\underline{\mu}_{i,n_i}+\frac{\Delta_i}{2}\le\mu_i+\frac{\Delta_i}{2}=\mu_1-\frac{\Delta_i}{2}$$

$$\underline{\mu}_{1,n_i} > \overline{\mu}_{1,n_i} - \frac{\Delta_i}{2} \geq \mu_1 - \frac{\Delta_i}{2} \tag{6.7}$$

となり，アーム i は $n \leq n_i$ でリスト $\mathcal{R}$ から削除される．

さらに，任意の $j \neq 1$ について式 (6.6) より

$$\sqrt{\frac{\beta(n_2, \delta)}{2n_2}} < \frac{\Delta_2 + \epsilon}{8} \leq \frac{\Delta_j + \epsilon}{8} \leq \frac{\Delta_j + \epsilon}{4}$$

が成り立つことから，S のもとで式 (6.7) と同様にして $\overline{\mu}_{j,n_j} < \underline{\mu}_{1,n_j} + \epsilon$ となり，アルゴリズム 6.1 はステップ 6 により $n \leq n_2$ までに停止する．以上のことから，停止までの総サンプル数は事象 S のもとで

$$\sum_{j:\mu_j \geq \mu_1 - \epsilon} n_2 + \sum_{i:\mu_i < \mu_1 - \epsilon} n_i \leq 256 H_\epsilon \log \frac{4K}{\delta}$$

で抑えられる． □

逐次削除方策はすべてのアームを同オーダーの回数引くべきという直感によく合っており，実装・解析も比較的容易ですが，以下のような理由で経験的な性能がやや悪くなる場合があります．

μ_1 と μ_2 が近い場合，そのいずれが最適腕かを識別するためには双方について比較的多くのサンプルが必要になります．アーム 1 についてこの必要なサンプル数がすでに確保されていた場合，アーム 1 の期待値が精度よく推定できるためにアーム K といった期待値の悪いアームについてはサンプル数がやや少なくても μ_1 と μ_K のどちらが大きいかを高確率で識別できます．一方で，逐次削除方策では基本的に $K, K-1, \ldots$ と期待値が悪い順に最適腕以外の候補が削除されていくため，これらの期待値が悪いアームを削除する段階ではアーム 1 のサンプル数があまり多くなく，結果としてアーム K や $K-1$ のサンプル数が多く必要となってしまいます．

また逐次削除方策では，あるアームが一度候補 $\mathcal{R}$ から削除されたらその先には二度と引かれないため，固定予算の設定に自然に適用する方法が自明ではありません．i 番目の削除を行ってから $i+1$ 番目の削除を行うまでの間隔を（UCB や LCB といった量に依存させず）事前に固定することで経験上良好な性能を達成する方法は知られていますが [5]，これらの理論保証は式

(6.3) の複雑度に基づいたものとはなりません.

6.3.2 スコアに基づく方法

最適腕の候補として残っているアームを一様に選択するのでなく，最適腕の推定に役立つアームを適応的に選択する方策の 1 つとして**アルゴリズム 6.2** で与えられる **LUCB 方策** (LUCB policy) があります．LUCB 方策では逐次削除方策と同じ条件で探索が終了しますが，探索が終了しなかった場合に，推定された最適腕の期待値の下限 $\underline{\mu}_{\hat{i}^*}(t)$ とそれ以外のアームの期待値の上限 $\overline{\mu}_{\hat{i}^{**}}(t)$ の差が速やかに広がるように，アーム $\hat{i}^*$ とアーム $\hat{i}^{**}$ のそれぞれを引きます.

アルゴリズム 6.2 LUCB 方策

入力： 許容幅 $\epsilon \geq 0$，誤識別率 $\delta > 0$.
パラメータ： 信頼度 $\beta(t,\delta) : \mathbb{N} \times (0,1) \to (0,\infty)$.
1: すべてのアームを 1 回ずつ選択．$t \leftarrow K$.
2: **loop**
3: 　各アーム $i \in \mathcal{R}$ の UCB・LCB スコア

$$\underline{\mu}_i(t) = \hat{\mu}_i(t) - \sqrt{\frac{\beta(t,\delta)}{2N_i(t)}}, \quad \overline{\mu}_i(t) = \hat{\mu}_i(t) + \sqrt{\frac{\beta(t,\delta)}{2N_i(t)}}$$

　を計算.
4: 　$\hat{i}^* \leftarrow \mathrm{argmax}_i\, \hat{\mu}(t)$, $\hat{i}^{**} \leftarrow \mathrm{argmax}_{i \neq \hat{i}^*}\, \overline{\mu}_i(t)$.
5: 　**if** $\overline{\mu}_{\hat{i}^{**}}(t) < \underline{\mu}_{\hat{i}^*}(t) + \epsilon$ **then**
6: 　　$\hat{i}^*$ を出力して終了.
7: 　**else**
8: 　　アーム $\hat{i}^*$ とアーム $\hat{i}^{**}$ を引く．$t \leftarrow t+2$.
9: 　**end if**
10: **end loop**

LUCB 方策の性能について次の定理が成り立ちます．

定理 6.2（LUCB 方策の性能 [37]）

$\beta(t,\delta)=\log\frac{5Kt^4}{4\delta}$ とする．このとき LUCB 方策の誤識別率は高々 δ で抑えられる．また，アルゴリズムが停止するまでのサンプル数の期待値は $2336H_{\epsilon/2}\log\frac{8H_{\epsilon/2}}{\delta}+16$ で抑えられる．

LUCB 方策では推定された最適腕 $\hat{i}^*$ を各反復ごとに選択するため，逐次削除方策とは逆に最適腕の選択数が過度に多くなってしまう場合があります．そこで，反復ごとにアーム $\hat{i}^*$ とアーム $\hat{i}^{**}$ のうちサンプル数が小さい（≈ 期待値の不確かさが大きい）もののみを選択する方策として，**UGapE 方策** (UGapE policy) が提案されています [29]．また，逐次削除方策と LUCB 方策はいずれもヘフディングの不等式を前提としたものですが，これを KL ダイバージェンスを用いたチェルノフ・ヘフディングの不等式に置き換えることで，いずれの方策においても性能を改善することが可能です [39]．

6.4 固定予算の設定

LUCB 方策のように，探索を行うアームを何らかのスコアにより適応的に決めていく方策では，途中で探索が終了しないようにする（例えば LUCB 方策ではステップ 6 を削除する）ことで，固定予算の設定への自然な適用が可能です．ただし，UCB や LCB スコアにおける信頼区間の幅 $\sqrt{\frac{\beta(t,\delta)}{2N_i(t)}}$ は信頼度 δ に依存しており，固定予算の設定ではこれを δ でなく予算（= 総選択数）T に依存した量に置き換える必要があります．そこで LUCB 方策や UGapE 方策では，固定信頼度設定における $\beta(t,\delta)$ をパラメータ b を用いて $\beta'(t,T)=bT=\log\frac{1}{\mathrm{e}^{-bT}}$ に置き換えたものが固定予算設定における方策として提案されています．このときある $C>0$ が存在し，もし $H_\epsilon\le C/b$ ならば，誤識別率を（固定予算設定における δ の代わりに）$\mathrm{O}(\mathrm{e}^{-bT})$ で抑えられることが示されています [29,39]．

ただしここで重要なのは，上記のパラメータ b は大きいほど誤識別率を小さくできるのに対して，実際には H_ϵ の値は未知であり，$H_\epsilon\le C/b$ が成り立たない場合には性能保証がまったく与えられないということです．特に $\epsilon = 0$ の場合には，H_ϵ は非有界であり，b をどう決めるかはプレイヤーの事前知識に完全に依存する問題となります．

一方で，例えば各アームを等頻度で選択する方策は指数関数的な誤識別率の収束を自明に保証できるほか，探索回数の組み合わせを事前に固定するタイプの逐次削除方策 [5] でも，同様に事前知識なしで指数関数的に小さい誤識別率を達成できます．固定予算設定において，探索候補とその回数を適応的に決定するタイプの方策により常に指数関数的な誤識別率の収束を保証できるかは，現状ではわかっていません．

Chapter 7

線形モデル上のバンディット問題

これまでの設定では，あるスロットマシンからの報酬が別のマシンに関する情報を一切もたない場合を考えました．一方で実際の応用では，それぞれのスロットマシンが何らかの特徴量によって関連付けられていて，それを用いることであるスロットマシンからの報酬から別のマシンの報酬の性質を推定できる場合が数多くあります．本章ではそのような設定の代表的な定式化として，報酬期待値が特徴量に関する線形モデルにより表される場合を考えます．また，時刻ごとにスロットマシンの特性が変化する文脈付きバンディットも同様の枠組みで定式化することができ，こちらも本章で説明します．

7.1 線形バンディット

図 **7.1** のような通信ネットワークがあり，始点 s から終点 t にあるデータに何らかの経路を通してアクセスすることを考えます．ここでそれぞれの枝 e_j では未知の通信遅延 θ_j が生じ，例えば時刻 t に経路 (e_1, e_4) を通じて t にアクセスした場合の通信時間は，誤差項 $\epsilon(t)$ を用いて

$$X(t) = \theta_1 + \theta_4 + \epsilon(t)$$

とモデル化できます．ここで何度もデータへのアクセスを行うときに合計で

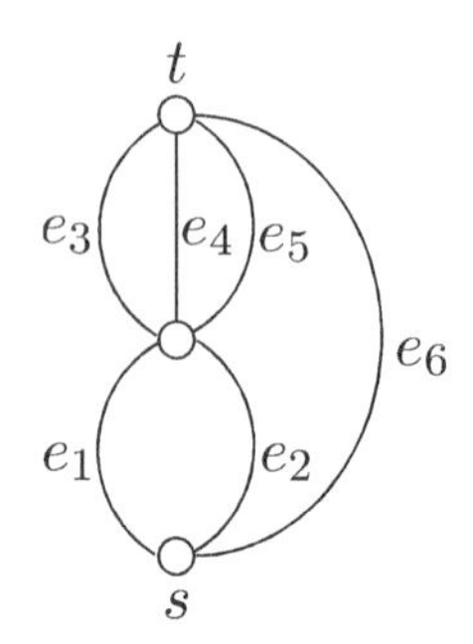

図 7.1 通信ネットワーク．

要した通信時間を最小化することを考えます．ここで s から t への（ループを含まない）経路は全部で 7 通りありますが，これらの経路 $i \in \{1, 2, \ldots, 7\}$ は次のようなベクトル $a_i \in \{0,1\}^6$ で表すことができます．

$$a_i = \begin{pmatrix}1\\0\\1\\0\\0\\0\end{pmatrix}, \begin{pmatrix}1\\0\\0\\1\\0\\0\end{pmatrix}, \begin{pmatrix}1\\0\\0\\0\\1\\0\end{pmatrix}, \begin{pmatrix}0\\1\\1\\0\\0\\0\end{pmatrix}, \begin{pmatrix}0\\1\\0\\1\\0\\0\end{pmatrix}, \begin{pmatrix}0\\1\\0\\0\\1\\0\end{pmatrix}, \begin{pmatrix}0\\0\\0\\0\\0\\1\end{pmatrix}.$$

ここで，a_i の j 番目の要素が 1 であることは経路 i において枝 e_j を用いることに対応しており，経路ベクトル全体の集合を $\mathcal{A} = \{a_i\}_{i \in \{1,2,\ldots,7\}}$ で表します．このとき，経路 $a_i \in \mathcal{A}$ を用いたときの通信時間は $\theta = (\theta_1, \theta_2, \ldots, \theta_6)^\top$ に対して

$$X_i(t) = \theta^\top a_i + \epsilon(t)$$

と表すことができます．

より一般に，各スロットマシンが d 次元のベクトル $a_i \in \mathcal{A} \subset \mathbb{R}^d$ に対応付けられており，その報酬（あるいは損失）*1 が期待値 0 の誤差項 $\epsilon(t)$ を用いた線形モデル

*1 上記の通信遅延の例では X_i は損失に対応していましたが，以降では X_i は報酬を表すことにし，これらの和を最大化する問題を考えます．

$$X_i(t) = \theta^\top a_i + \epsilon(t)$$

で表される設定において累積報酬の最大化を目指す問題を**線形バンディット** (linear bandit) とよびます．前章までで扱ったバンディット問題は，$d = |\mathcal{A}|$ であり $(a_1, a_2, \ldots, a_{|\mathcal{A}|})$ が単位行列となる場合に対応します．

なお，前章までの基本的なバンディット問題では選択の各候補はスロットマシンのアームと表現しましたが，線形バンディットの文脈では多くの場合に各候補は**行動** (action) とよばれるため，以降ではこれに従って線形バンディットにおける選択の候補 $a_i \in \mathcal{A}$ を行動と表現します．

ここでパラメータ θ を事前に知っていた場合，最良の方策は報酬期待値最大の行動 $i^* = \mathrm{argmax}_i\, \theta^\top a_i$ を選択し続けることですが，実際には θ は未知であるため，プレイヤーは θ を知っていた場合に比べての期待値の損失

$$\mathrm{regret}(T) = \sum_{t=1}^{T} (\theta^\top a_{i^*} - \theta^\top a_{i(t)}) = \sum_{t=1}^{T} \theta^\top (a_{i^*} - a_{i(t)})$$

の最小化を目指すことになります．

なお，以降では各行動の特徴量ベクトル $a \in \mathcal{A}$ をインデックス付けせずベクトル a そのものを行動と同一視する場合があり，この場合は行動 a の期待値を $\mu_a = \theta^\top a$, 期待値最大の行動を $a^* = \mathrm{argmax}_{a \in \mathcal{A}}\, \mu_a$ と表記します．

線形バンディットに対する最も単純な方策としては，各行動をそれぞれ別個のスロットマシンだとみなし，前章までのバンディット方策をそのまま適用するものが考えられます．例えばUCB方策を適用した場合，リグレットは行動の候補数 $K = |\mathcal{A}|$ に対して $\mathrm{O}(K \log T)$ 程度で抑えることができます．ここで，冒頭の通信遅延の例では候補数 $K = |\mathcal{A}| = 7$ があまり大きくないため上記のアイディアは比較的有効ですが，実際には下記の例のように $|\mathcal{A}|$ は非常に大きくなる場合が多く，そういった場合は別の方策を考える必要があります．

例 7.1 （ウェブサイト最適化）

ウェブサイトのデザインの候補が複数あり，累計でのクリック数を最大化する問題を考えます．ここでデザインの構成要素として，例えばフォントサイズ（小/大）・文字フォント（ゴシック体/ポップ体）・検索窓の位

置（左/右）・背景色（緑/白）の4要素があるとします．このときそれぞれの要素のうち前者の候補を用いるときを0，後者を用いるときを1で表すことにすると，可能なデザインの集合は $\mathcal{A} = \{0,1\}^4 \ni a_i$ と表されます．例えば $a_i = (0,1,1,0)^\top$ は（フォント小・ポップ体・検索窓右・背景色緑）に対応します．ここで線形モデルを仮定すると各デザインのクリック率は $\mu_i = \theta^\top a_i$ と表すことができます．一方でデザインの候補数は $|\mathcal{A}| = 2^4 = 16$ 通りあり，未知変数 θ の次元 $d = 4$ に比べて指数的に大きい値となります．そのため，これらを別個のスロットマシンとみなしてお互いの相関関係を無視してしまうと，リグレットが非常に大きくなります．

例 7.2 （バンディット最適予算配分）

ある商品に対して広告予算 B 円が与えられており，予算の配分先として d 個のメディア（テレビ/雑誌/$\cdots$）があるときに全体の売上を最大化する問題を考えます [*2]．ここで各メディアの売上期待値への寄与は割り当てた予算に比例すると仮定すると，各メディア i に広告費 a_i を割り当てたときの売上期待値は $\mu_a = \theta^\top a$ と表せます．ここで未知変数 $\theta = (\theta_1, \theta_2, \ldots, \theta_d)^\top$ の各要素は，配分額あたりの売上への寄与に対応します．ここで $a = (a_1, a_2, \ldots, a_d)^\top$ の満たすべき制約としては $a_i \geq 0$ および予算制約 $\sum_{i=1}^d a_i \leq B$ がありますが，ほかにも例えば「メディア i_1 かメディア i_2 には合計で b 円以上は配分する」といった制約が入ることも考えられます．一般にこれらの（線形）制約をすべて満たすような配分額の組み合わせの候補は，$(h_1, h_2, \ldots, h_m) \in \mathbb{R}^{d \times m}$, $(b_1, b_2, \ldots, b_m) \in \mathbb{R}^m$ に対して

$$\mathcal{A} = \{a \in \mathbb{R}^d : h_i^\top a \leq b_i,\ i = 1, 2, \ldots, m\}$$

と表すことができ，それらのうちで売上期待値最大となる予算配分は線形計画問題の解 $a^* = \mathrm{argmax}_{a \in \mathcal{A}}\, \theta^\top a$ で表されます．このように線形計画問題のうちで一部の係数が未知である問題は**バンディット線形計画** (bandit linear programming) とよばれ，予算配分問題はその一例となってい

*2 より具体的な広告配信問題の定式化については 10 章を参照してください．

ます．この問題では行動の候補数が $|\mathcal{A}| = \infty$ であり，通常のバンディット問題とは本質的に異なる方策を考える必要があります．

以上の例のように線形バンディットでは行動の候補数 $|\mathcal{A}|$ が多くなりやすく，リグレットが候補数 $|\mathcal{A}|$ にかかわらず実質的な変数/パラメータの次元 d に対して小さく抑えられるような方策を構成することが以降の目標となります．

補足 7.1 （誤差項の分布）線形バンディットで扱う誤差項 $\epsilon(t)$ は，必ずしも正規分布に従うとは限りません．例 7.1 では期待値 $\mu_i = \theta^\top a_i$ がクリック率に対応するため，報酬分布は $\{0,1\}$ 上の離散分布になります．そのため，例えば $\mu_i = \theta^\top a_i = 0.8$ の場合には，誤差項 $\epsilon_i(t) = X_i(t) - \mu_i$ の分布は $\mathbb{P}[\epsilon_i(t) = -0.8] = 0.2$, $\mathbb{P}[\epsilon_i(t) = 0.2] = 0.8$ となります．このような設定にも対応できるように，多くの線形バンディットの方策では，誤差項 $\epsilon_i(t)$ が正規分布に従うとは仮定しません．この場合誤差項については，有界性 $\epsilon_i(t) \in [-1,1]$ あるいは裾の重さが**劣ガウス的** (sub-Gaussian) であることを仮定することが一般的です．ここで $\mathbb{E}[Z] = 0$ なる確率変数 Z が定数 $R > 0$ に関して劣ガウス的あるいは R-劣ガウス的であるとは，すべての $\lambda \in \mathbb{R}$ に対して $\mathbb{E}[\mathrm{e}^{\lambda Z}] \le \mathbb{E}_{X \sim \mathcal{N}(0,R^2)}[\mathrm{e}^{\lambda X}] = \exp(\frac{\lambda^2 R^2}{2})$ が成り立つことをいいます．劣ガウス性の定義から，分散 R^2 の正規分布は自明に R-劣ガウス的となります．また，誤差項が有界，例えば $\epsilon_i(t) \in [-R,R]$ のとき，これは R-劣ガウス的となります．

7.2 文脈付きバンディット

前節で述べた線形バンディットでは，各行動 a_i が d 次元の特徴量によって表され，これが時刻によらず一定となる設定を考えました．一方，各行動の特徴量が $a_{i,t}$ といった形で時刻により異なる値をとることを許す設定が**文脈付きバンディット** (contextual bandit) です．以降では特に断らない限り，

$$\mu_i(t) = \theta^\top a_{i,t}$$

という形式で，期待値 $\mu_i(t)$ が各変数 θ に関する線形モデルで与えられる場合を考えます．線形モデル以外の例については 7.5 節で説明します．

まずは文脈付きバンディットの最も単純な設定として，時刻 t に応じた文脈が存在するものの期待値最大の行動は時刻 t によらない場合を考えます．例 7.1 のウェブサイト最適化では，サイトのクリック率はデザインだけでなくアクセス日が平日か休日か，アクセスしたユーザーが若者か中高年かといった文脈にも依存する可能性が考えられます．そこで，もとのデザインの特徴量 a_i に加えて時刻 t ごとに定まる特徴量 $b_t = (\mathbb{1}[\text{アクセス日が休日}], \mathbb{1}[\text{ユーザーが中高年}])^\top$ を考え，時刻に依存する新たな特徴量 $a_{i,t} = \begin{pmatrix} a_i \\ b_t \end{pmatrix}$ を導入します．ここで，未知パラメータ $\theta = \begin{pmatrix} \theta^{(a)} \\ \theta^{(b)} \end{pmatrix} \in \mathbb{R}^4 \times \mathbb{R}^2$ に対してクリック率が

$$\mu_i(t) = (\theta^{(a)})^\top a_i + (\theta^{(b)})^\top b_t = \theta^\top a_{i,t} \tag{7.1}$$

と表される設定を考えるのが文脈付きバンディットの例となります．このモデル (7.1) では行動および文脈の交互作用を考えていないため，期待値最大のデザインは

$$i^*(t) = \operatorname*{argmax}_i \mu_i(t) = \operatorname*{argmax}_i (\theta^{(a)})^\top a_i$$

となり，時刻 t に依存しないものとなります．

一方，例えばフォントサイズのクリック率への寄与はユーザーの年齢層に依存すると考えて

$$a_{i,t} = \begin{pmatrix} \mathbb{1}[\text{フォントサイズ大かつユーザーが中高年}] \\ \mathbb{1}[\text{フォントサイズ大}] \\ \mathbb{1}[\text{ユーザーが中高年}] \\ \vdots \end{pmatrix}$$

といった交互作用のあるモデルを考えることもでき，この場合は期待値最大の行動 $i^*(t) = \operatorname{argmax}_i \mu_i(t)$ は時刻に依存した量となります．このときプレイヤーが最小化すべきリグレットは，各時刻で常に期待値最大の行動を

とった場合に比べての損失

$$\mathrm{regret}(T) = \sum_{t=1}^{T}(\mu_{i^*(t),t} - \mu_{i(t),t}) = \sum_{t=1}^{T}\theta^\top(a_{i^*(t),t} - a_{i(t),t})$$

となります．この定式化は，上記のウェブサイトの例では時刻やユーザーに応じて適切なデザインが異なることに対応します．

データ系列に対して交互作用などどこまで広いモデルを考えるかは，プレイヤーがある程度事前に決める必要があります．

7.3 LinUCB 方策

線形モデル上のバンディット問題においても，通常のバンディット問題と同様に信頼区間に基づいた方策を構成することができます．線形モデルに対する UCB 方策である **LinUCB 方策** (LinUCB policy) は**アルゴリズム 7.1** で与えられます．ここで，I_d は $d \times d$ の単位行列を表します．また A^{-1} は行列

$$A = \frac{\sigma^2}{\sigma_0^2}I_d + \sum_{s=1}^{t} a_{i(s),s}a_{i(s),s}^\top$$

の逆行列であり，付録 A のウッドベリーの公式 (A.2) により $\mathrm{O}(d^2)$ の計算量で更新を行っています．この方策における行動選択の規準となる UCB スコアはステップ 4 の式 (7.2) で与えられ，この式の α_t を大きくとると現時点で期待値最大ではなさそうな行動も頻繁に選択する探索重視の方策となり，小さくとると現時点で期待値最大にみえる行動を積極的に選択する知識活用重視の方策となります．以下ではこの UCB スコアのより具体的な意味について説明します．

各時刻 $s = 1, 2, \ldots, t$ でそれぞれ行動 $i(s)$ を選択し，報酬 $X(s)$ が得られたときの θ の最小二乗推定量 $\hat{\theta}$ は，標準的な線形回帰の理論により

$$\hat{\theta} = \operatorname*{argmin}_{\theta'} \sum_{s=1}^{t}(X(s) - (\theta')^\top a_{i(s),s})^2$$

アルゴリズム 7.1 LinUCB 方策

入力： 誤差項の分散 $\sigma^2 > 0$.
パラメータ： $\sigma_0^2, \alpha > 0$.
1: $A^{-1} \leftarrow \frac{\sigma_0^2}{\sigma^2} I_d,\ b_t \leftarrow 0$.
2: **for** $t = 1, 2, \ldots, T$ **do**
3: 　$\hat{\theta} \leftarrow A^{-1} b$.
4: 　各行動 i について UCB スコア

$$\overline{\mu}_i(t) = a_{i,t}^\top \hat{\theta} + \alpha_t \sigma \sqrt{a_{i,t}^\top A^{-1} a_{i,t}} \tag{7.2}$$

　を計算．ただし $\alpha_t = \alpha\sqrt{\log t}$ とする．
5: 　スコア最大の行動 $i \leftarrow \mathrm{argmax}_i\, \overline{\mu}_i(t)$ を選択して報酬 $X(t)$ を観測．
6: 　$A^{-1} \leftarrow A^{-1} - \dfrac{A^{-1} a_{i,t} a_{i,t}^\top A^{-1}}{1 + a_{i,t}^\top A^{-1} a_{i,t}},\ b \leftarrow b + a_{i,t} X(t)$.
7: **end for**

$$= \left(\sum_{s=1}^{t} a_{i(s),s} a_{i(s),s}^\top\right)^{-1} \sum_{s=1}^{t} a_{i(s),s} X(s)$$
$$= \tilde{A}_t^{-1} b_t$$

で与えられることが示されます．ここで，

$$\tilde{A}_t = \sum_{s=1}^{t} a_{i(s),s} a_{i(s),s}^\top, \quad b_t = \sum_{s=1}^{t} a_{i(s),s} X(s) \tag{7.3}$$

としました．各報酬が誤差項 $\epsilon(t)$ を用いて $X_i(t) = a_{i,t}^\top \theta + \epsilon(t)$ と表されることから，

$$\hat{\theta} = \tilde{A}_t^{-1} \sum_{s=1}^{t} a_{i(s),s}(a_{i(s),s}^\top \theta + \epsilon(s)) = \theta + \tilde{A}_t^{-1} \sum_{s=1}^{t} a_{i(s),s} \epsilon(s)$$

が成り立つため $\hat{\theta}$ は期待値 θ をもちます．さらに，各誤差項 $\epsilon(t)$ が独立かつ分散 σ^2 をもつと仮定すると，$\hat{\theta}$ の共分散行列は

$$\mathbb{V}\mathrm{ar}[\hat{\theta}] = \mathbb{E}\left[(\hat{\theta}-\theta)(\hat{\theta}-\theta)^\top\right] = \sigma^2 \tilde{A}_t^{-1}$$

で与えられます．したがって，行動 i の報酬期待値の点推定量を $\hat{\mu}_i(t) = \hat{\theta}^\top a_{i,t}$ とおくと，これは期待値 $\mathbb{E}[\hat{\mu}_i(t)] = \theta^\top a_{i,t} = \mu_i(t)$，分散 $\mathbb{V}\mathrm{ar}[\hat{\mu}_i(t)] = \sigma^2 a_{i,t}^\top \tilde{A}_t^{-1} a_{i,t}$ をもちます．

以上より，式 (7.2) で与えられる LinUCB のスコアは行動 i の真の期待値 $\mu_i(t)$ を点推定値 $\hat{\mu}_i(t)$ から標準偏差の α_t 倍だけ大きく見積もった値であることがわかります．これは，例えば誤差項 $\epsilon(t)$ が正規分布に従うという仮定のもと，有意水準を $\mathrm{e}^{-\alpha_t^2/2} = t^{-\alpha^2/2}$ 程度，つまり t の多項式オーダー程度にとることに相当します．

なお，実際のアルゴリズム中で用いている行列 $A = A_t$ は，式 (7.3) で定義された $\tilde{A}_t$ に対して初期値 $\frac{\sigma^2}{\sigma_0^2} I_d$ を加えたものとなっていますが，これは A がフルランクでないために A の逆行列が存在しない，すなわち最小二乗推定量が一意に定まらないことを防ぐための項で，次節で述べるように θ が事前分布 $\mathcal{N}(0, \sigma_0^2 I_d)$ に従う場合を考えることに対応しています．

線形モデル上のバンディット問題では文脈の有無，すなわち各アームの特徴量 $a_{i,t}$ が t により変化するかどうか，行動の候補数 $|\mathcal{A}|$ が有限かどうかといった設定に応じてさまざまな理論解析があります．多くの場合において，本書の設定のように $\alpha_t = \mathrm{O}(\sqrt{\log T})$ 程度にとることでリグレットを小さくできることが示されています．例えば，文献 [22] では文脈のない設定のもとで高確率で $\mathrm{O}(d(\log T)^3/\Delta)$ のリグレットを達成することが示されています．ここで $\Delta = \inf_{i:\mu_i<\mu_{i^*}}\{\mu^* - \mu_i\}$ は行動の期待値の最大値と 2 番目に大きい値 *3 の差を表しています．また，Δ に依存しないリグレット上界として $\mathrm{O}(\sqrt{dT(\log T)^2})$ が達成可能であることも示されています．さらに，LinUCB に若干の修正を加えた方策により，文脈付きバンディットの設定でも高確率で $\mathrm{O}\left(\sqrt{dT(\log T|\mathcal{A}|)^3}\right)$ 程度のリグレットが達成可能であることが示されています [19].

*3 より厳密には，$\mathcal{A}$ の凸包の頂点のうちで 2 番目に大きい期待値と定義されます．$\mathcal{A}$ の凸包が多面体でない場合は一般に $\Delta = 0$ となります．

7.4 線形モデル上のトンプソン抽出

前節ではUCB方策の線形モデルに対する自然な一般化としてLinUCB方策を紹介しましたが，同様にトンプソン抽出を線形モデルに対して一般化することもできます．

7.4.1 正規分布モデルでの事後確率の計算

まず議論を簡単にするため，報酬

$$X_i(t) = \theta^\top a_{i,t} + \epsilon(t)$$

の誤差項 $\epsilon(t)$ が，（既知の）分散 σ^2 の正規分布に従う場合を考えます．θ の事前分布を $\pi(\theta) = \mathcal{N}(0, \sigma_0^2 I_d)$ とすると [*4]，各時刻 t に行動 $i(t)$ を選択して報酬 $X(t)$ が得られた場合の θ の事後分布は

$$\begin{aligned}
&\pi(\theta | \{i(s), X(s)\}_{s=1}^t) \\
&\propto \exp\left(-\frac{\theta^\top \theta}{2\sigma_0^2}\right) \exp\left(-\frac{1}{2\sigma^2}\sum_{s=1}^t (\theta^\top a_{i(s),s} - X(s))^2\right) \\
&\propto \exp\left(-\frac{1}{2\sigma^2}\left(\theta^\top\left(\frac{\sigma^2}{\sigma_0^2} I_d + \sum_{s=1}^t a_{i(s),s} a_{i(s),s}^\top\right)\theta + 2\sum_{s=1}^t X(s) a_{i(s),s}^\top \theta\right)\right) \\
&= \exp\left(-\frac{1}{2\sigma^2}\left(\theta^\top A_t \theta + 2 b_t^\top \theta\right)\right) \\
&\propto \exp\left(-\frac{1}{2\sigma^2}(\theta - A_t^{-1} b_t)^\top A_t (\theta - A_t^{-1} b_t)\right) \qquad (7.4)
\end{aligned}$$

で与えられます．ここで $A_t = \frac{\sigma^2}{\sigma_0^2} I_d + \tilde{A}_t$ であり，$\tilde{A}_t$ と b_t は式 (7.3) で定義したものです．式 (7.4) は θ の事後分布が期待値 $A_t^{-1} b_t$，共分散行列 $\sigma^2 A_t^{-1}$ の多変量正規分布で与えられることを表しています．この事実をもとに，線形モデル上のトンプソン抽出は**アルゴリズム 7.2** で与えられます．

---

*4 θ について何らかの事前知識がある場合は，$\pi(\theta) = \mathcal{N}(\theta_0, \Sigma_0)$ とすることにより，以降まったく同様に事後分布が求まります．

アルゴリズム 7.2 線形モデル上のトンプソン抽出

入力： 誤差項の分散 σ^2.
パラメータ： $\sigma_0^2 > 0$.
1: $A^{-1} \leftarrow \frac{\sigma_0^2}{\sigma^2} I_d,\ b \leftarrow 0$.
2: **for** $t = 1, 2, \ldots, T$ **do**
3: $\tilde{\theta}$ を多変量正規分布 $\mathcal{N}(A^{-1}b,\ \sigma^2 A^{-1})$ から生成.
4: $i \leftarrow \mathrm{argmax}_i\, \tilde{\theta}^\top a_{i,t}$ を選択して報酬 $X(t)$ を観測.
5: $A^{-1} \leftarrow A^{-1} - \dfrac{A^{-1} a_{i,t} a_{i,t}^\top A^{-1}}{1 + a_{i,t}^\top A^{-1} a_{i,t}},\ b \leftarrow b + a_{i,t} X(t)$.
6: **end for**

7.4.2 多変量正規分布からの乱数生成

アルゴリズム 7.2 では共分散行列 $\Sigma = A^{-1}$ をもつ多変量正規分布からの乱数を生成する必要があります．ここで，共分散行列 Σ をもつ多変量正規分布からの乱数生成は多くのライブラリでサポートされていますが，これらの多くは以下の行列分解を用いたアルゴリズムに基づいています．

Z を $ZZ^\top = \Sigma$ を満たす何らかの行列とします．このとき d 個の独立な標準正規分布に従って生成された乱数 $X = (X_1, X_2, \ldots, X_d)^\top \sim \mathcal{N}(0, I_d)$ に対して，ZX は $\mathbb{E}[(ZX)(ZX)^\top] = ZI_dZ^\top = \Sigma$ を満たすことから，これを平行移動した $\theta_0 + ZX$ は平均 θ_0，共分散行列 Σ をもつ多変量正規分布 $\mathcal{N}(\theta_0, \Sigma)$ に従う乱数として用いることができます．

ここで Z のとり方は複数あり，例えば Z を下三角行列にとる**コレスキー分解** (Cholesky decomposition) や，$Z = \sqrt{V}$，すなわち $ZZ = V$ となるように対称行列 Z をとる**行列の平方根** (square root of a matrix) に基づいた方法があります．このうちコレスキー分解は比較的高速ですが，次元 d が大きい場合には数値安定性が悪くなる場合があり，トンプソン抽出を実装する場合には，事前にこの部分のライブラリの仕様や安定性について確認しておくと，おかしな結果が出にくくなります．なお，これらはいずれもオーダー

としては計算量が $O(d^3)$ となります．

7.4.3 誤差項が正規分布でない場合

前節では誤差項 $\epsilon_i(t)$ が正規分布に従うと仮定した場合の事後分布の計算について説明しました．一方で 7.1 節であげたように，クリック率といったモデルでは誤差項は離散値をとり正規分布に従いません．このような正規分布以外の誤差項のモデルについて，正確な事後分布からの乱数生成を行うことは原理的には可能ですが，正規分布を仮定した場合に比べて計算が非常に複雑になります．

一方，トンプソン抽出では正規分布モデルを仮定した場合のアルゴリズム 7.2 を形式的に適用することで，実際の誤差項が正規分布に従っていないとしても裾が何らかの定数 R について劣ガウス的であれば，適切な σ^2 をとることで小さなリグレットを達成することができます．例えば文献 [3] では，$\sigma^2 = O(R^2 d \log T)$ 程度にとることにより，高確率でリグレット $O(d^2\sqrt{T}\log(dT))$ を達成できることが示されています．

なお，このリグレット上界はパラメータの次元数 d に関して $O(d^2)$ のオーダーとなっており，これは LinUCB 方策の $O(d)$ の上界よりも悪いものとなっています．一方で実験的にはトンプソン抽出は LinUCB 方策よりもよい性能となる場合が多く，このリグレット上界が評価の緩さによるのか，あるいはトンプソン抽出のリグレットが真に $O(d^2)$ となる場合があるのかはよくわかっていません．

さらに，上述の文献 [3] の理論解析では誤差項の分散に対応する量 σ^2 を d と T に依存して大きくとっており，これは現時点で期待値最大でなさそうな行動を積極的にとることに対応しています．これは理論解析のためという側面が大きく，実際には単に誤差項が R-劣ガウス的となるような R（例えばクリック率のモデルのように $\epsilon_i(t) \in [-1, 1]$ である場合には $R = 1$）を用いることが一般的です．このようにトンプソン抽出は理論解析が難しいため，知られている理論解析と実際の性能について，まだギャップが多くあります．

7.5 ロジスティック回帰モデル上のバンディット

これまでの議論では，通常の線形モデルとして各アームの期待値が $\mu_i(t) =$

$\theta^\top a_{i,t}$ と表される設定を考えたため，$a_{i,t}$ と θ の値によってはクリック率（の推定値）が $\mu_i(t) \notin [0,1]$ となる不自然なモデルとなってしまう場合があります．補足 7.1 で述べたように，線形バンディットにおける誤差項は必ずしも正規分布に従っている必要はないので，この問題をあまり気にせずに LinUCB 方策やトンプソン抽出を形式的に適用してもある程度の性能が得られる場合は多いものの，報酬が 2 値である場合により適したモデルとして，**ロジスティック回帰モデル** (logistic regression model) を考える場合があります．

ロジスティック回帰モデルは，パラメータ $\theta \in \mathbb{R}^d$ に対して時刻 t における行動 i からの 2 値の報酬 $X_i(t) \in \{0,1\}$ の確率分布が

$$\mathbb{P}[X_i(t)=1] = \frac{\mathrm{e}^{\theta^\top a_{i,t}}}{1+\mathrm{e}^{\theta^\top a_{i,t}}}$$

で与えられるとするモデルです．より一般的には，$m+1$ 値の報酬 $X_i(t) \in \{0,1,\ldots,m\}$ とパラメータ $\theta_k \in \mathbb{R}^d$, $k=1,2,\ldots,m$ に対して

$$\mathbb{P}[X_i(t)=k] = \begin{cases} \frac{1}{1+\sum_{l=1}^m \mathrm{e}^{\theta_l^\top a_{i,t}}}, & k=0 \\ \frac{\mathrm{e}^{\theta_k^\top a_{i,t}}}{1+\sum_{l=1}^m \mathrm{e}^{\theta_l^\top a_{i,t}}}, & k=1,2,\ldots,m \end{cases}$$

とするモデルを考えることもできますが，以降では式を簡単にするために 2 値の報酬のみを考えます．このモデルにおける期待値最大の行動 $i^*(t)$ は

$$i^*(t) = \operatorname*{argmax}_i \frac{\mathrm{e}^{\theta^\top a_{i,t}}}{1+\mathrm{e}^{\theta^\top a_{i,t}}} = \operatorname*{argmax}_i \theta^\top a_{i,t}$$

で与えられ，線形モデルと同じく $\theta^\top a_{i,t}$ を最大化する行動を（別の確率モデルのもとで）推定することが主要な問題となります．

ロジスティック回帰モデルは一般化線形モデルとよばれる統計モデルの 1 つであり，最尤推定量やベイズ統計における事後分布といったものを閉じた形で表すことはできません．そこで以下では，ラプラス近似に基づいた数値計算を用いてトンプソン抽出を実装する方法について紹介します．

θ の事前分布を，例えば $\mathcal{N}(0,\sigma_0^2 I_d)$ とします．このとき θ の事後分布は

$$\pi(\theta|\{i(s),\, X(s)\}_{s=1}^t)$$

$$
\begin{aligned}
&\propto \pi(\theta) \times \prod_{s=1}^{t} \left(\frac{\mathrm{e}^{\theta^\top a_{i(s),s}}}{1+\mathrm{e}^{\theta^\top a_{i(s),s}}} \right)^{X(s)} \left(\frac{1}{1+\mathrm{e}^{\theta^\top a_{i(s),s}}} \right)^{1-X(s)} \\
&\propto \mathrm{e}^{-\frac{\theta^\top \theta}{2\sigma_0^2}} \prod_{s=1}^{t} \frac{1}{1+\mathrm{e}^{\theta^\top a_{i(s),s}}} \prod_{s:X(s)=1} \mathrm{e}^{\theta^\top a_{i(s),s}}
\end{aligned}
$$

であり，負の対数事後確率はある θ に依存しない定数項に対して

$$
\begin{aligned}
&-\log \pi(\theta | \{i(s),\, X(s)\}_{s=1}^{t}) \\
&\quad = \frac{\theta^\top \theta}{2\sigma_0^2} + \sum_{s=1}^{t} \log(1+\mathrm{e}^{\theta^\top a_{i(s),s}}) - \sum_{s:X(s)=1} \theta^\top a_{i(s),s} + (\text{定数})
\end{aligned}
$$

となります．したがって，負の対数事後確率の勾配ベクトル $G_t(\theta)$ とヘッセ行列 $H_t(\theta)$ は

$$
\begin{aligned}
G_t(\theta) &= -\nabla_\theta \log \pi(\theta | \{i(s),\, X(s)\}_{s=1}^{t}) \\
&= \frac{\theta}{\sigma_0^2} + \sum_{s=1}^{t} \frac{\mathrm{e}^{\theta^\top a_{i(s),s}} a_{i(s),s}}{1+\mathrm{e}^{\theta^\top a_{i(s),s}}} - \sum_{s:X(s)=1} a_{i(s),s} \\
H_t(\theta) &= -\nabla_\theta^2 \log \pi(\theta | \{i(s),\, X_{i(s)}(s)\}_{s=1}^{t}) \\
&= \frac{I_d}{\sigma_0^2} + \sum_{s=1}^{t} \frac{\mathrm{e}^{\theta^\top a_{i(s),s}} a_{i(s),s} a_{i(s),s}^\top}{(1+\mathrm{e}^{\theta^\top a_{i(s),s}})^2}
\end{aligned}
$$

と表されます．ここで $G_t(\theta) = 0$ を与える最大事後確率 (MAP) 推定量 $\hat{\theta}_{\mathrm{MAP}}$ は陽には表せませんが，例えばニュートン法による反復

$$
\hat{\theta}_{l+1} \leftarrow \hat{\theta}_l - H_t^{-1}(\hat{\theta}_l) G_t(\hat{\theta}_l)
$$

によって数値的に求めることができます．そこで負の対数事後確率を $\theta = \hat{\theta}_{\mathrm{MAP}}$ のまわりで 2 次近似すると，$G_t(\hat{\theta}_{\mathrm{MAP}}) = 0$ より

$$
-\log \pi(\theta | \{i(s), X(s)\}_{s=1}^{t}) \approx \frac{1}{2}(\theta - \hat{\theta}_{\mathrm{MAP}})^\top H_t(\hat{\theta}_{\mathrm{MAP}})(\theta - \hat{\theta}_{\mathrm{MAP}}) + (\text{定数})
$$

が得られます．ここで，右辺の値は平均 $\hat{\theta}_{\mathrm{MAP}}$，共分散行列 $H_t(\hat{\theta}_{\mathrm{MAP}})^{-1}$ をもつ多変量正規分布の負の対数尤度にほかならず，そこで θ の事後分布を $\mathcal{N}(\hat{\theta}_{\mathrm{MAP}}, H_t(\hat{\theta}_{\mathrm{MAP}})^{-1})$ により近似するのがラプラス近似となります．以上

アルゴリズム 7.3 ロジスティック回帰モデル上のトンプソン抽出

パラメータ： $\sigma_0^2 > 0$.
1: $\hat{\theta} \leftarrow 0$.
2: **for** $t = 1, 2, \ldots, T$ **do**
3: **repeat**
4: $\hat{\theta} \leftarrow \hat{\theta} - H_t^{-1}(\hat{\theta}) G_t(\hat{\theta})$.
5: **until** $\hat{\theta}$ が収束または規定回数を反復.
6: 乱数 $\tilde{\theta}$ を多変量正規分布 $\mathcal{N}(\hat{\theta},\, H_t^{-1}(\hat{\theta}))$ から生成.
7: 行動 $i \leftarrow \mathrm{argmax}_i\, a_{i,t}^{\top} \tilde{\theta}$ を選択して報酬 $X(t)$ を観測.
8: **end for**

の議論に基づき，ラプラス近似を用いたロジスティック回帰モデルにおけるトンプソン抽出は**アルゴリズム 7.3** で与えられます．ロジスティック回帰モデル上のトンプソン抽出においては，最尤推定量 $\hat{\theta}_{\mathrm{MAP}}$ を各時刻 t ごとに更新する必要があるために，線形モデルの場合に比べて計算量が大きくなります．ただし，実際には $\hat{\theta}_{\mathrm{MAP}}$ といった量は時刻ごとに大きくは変化しないため，前回の更新において得られた $\hat{\theta} \approx \hat{\theta}_{\mathrm{MAP}}$ を初期値に用いれば，例えばこれらの更新を 10 回の行動ごとに行う，あるいは更新ごとにステップ 4 の反復を 1 回しか行わない，といったように更新度合いを大きく減らしても実用上の性能はほとんど悪化しません．

なお，ロジスティック回帰モデルにおいては，近似の有無にかかわらずトンプソン抽出の性能の理論保証については知られていませんが，文献 [60] などにより実用上有効であることが報告されています．

Chapter 8

連続腕バンディットとベイズ最適化

本章では，学習パラメータの調整などプレイヤーのとりうる行動の候補が膨大あるいは連続的な場合のバンディット問題の定式化と方策について紹介します．また，報酬がガウス過程によって生成されているとするベイズ最適化についても合わせて説明します．

これまでのバンディット問題の定式化では，プレイヤーの行動の候補数（スロットマシンのアーム数）が有限個である場合を主に考えました．一方，例えば海上で漁を行う位置を選択して漁獲高を最大化する，またはサポートベクトルマシンといった学習アルゴリズムの正則化項などの超パラメータを調整してデータに最もよく適合するものを求める，といった設定では報酬は明らかに位置あるいは超パラメータに関して非線形であり，本質的に無限個の候補を考える必要が生じます．このようにプレイヤーのとりうる行動の候補が連続的である設定を**連続腕バンディット** (continuum-armed bandit) とよびます．

8.1　定式化と観測モデル

連続腕バンディットにおいて選択可能な行動の集合を $\mathcal{A} \subset \mathbb{R}^d$ とし，時刻 t でのプレイヤーの行動を $a_t \in \mathcal{A}$ で表します．なお，本章では主に行動の候補が無限個の場合を考えるので，a_i といった添字は付けず下付きの添字は時刻を表すことにします．行動 a を選択したときの報酬期待値を $f(a)$ とおき，報酬期待値が最大の行動を $a^* = \mathrm{argmax}_{a \in \mathcal{A}} f(a)$ で表します．以降では $\mathcal{A}$ は有界閉集合であり，かつ a^* は一意に定まると仮定します．

ここでプレイヤーの観測には2通りの設定があり，1つは通常のバンディット問題と同じく報酬に誤差項が含まれる**雑音ありモデル** (noisy model)

$$X_t = f(a_t) + \epsilon_t , \qquad \mathbb{E}[\epsilon_t] = 0 ,$$

もう1つは $f(a)$ そのものが観測できる**雑音なしモデル** (noiseless model)

$$X_t = f(a_t)$$

です．以降では各時刻における誤差項 ϵ_t はそれぞれ独立に正規分布 $\mathcal{N}(0, \sigma^2)$ に従うとし，$\sigma^2 = 0$ の場合が雑音なしモデルに対応します．ここで雑音なしモデルの場合，行動の候補数 $|\mathcal{A}|$ が有限個だと $|\mathcal{A}|$ 回の探索から a^* が一意に定まる自明な問題となるため，$|\mathcal{A}| = \infty$ の場合を考えるのが本質的となります．

例 8.1 （交差確認による超パラメータ最適化）

n 個のサンプルに対する学習アルゴリズムがあり，その超パラメータ $a \in \mathbb{R}^d$ を**交差確認** (cross validation) により最適化することを考えます．ここで例えばleave-one-out 交差確認では，$n-1$ 個のサンプルを訓練データとしてパラメータの学習を行い，残り1個のサンプルをテストデータとして予測誤差を計算します．これをテストデータの選び方を変えて n 回繰り返して平均をとることで，超パラメータ a での汎化誤差の推定値 $-f(a)$ が求まります [*1]．

この交差確認による当てはまりのよさ $f(a)$ は n 個のサンプルを固定したもとではランダム性を含まないため，これを最大化する超パラメータ a を求める問題は雑音なしモデルとみなすことができます．一方，n 通りのテストデータの選び方をすべて試すのではなく1個の無作為に選んだテストデータに対してのみ予測誤差を計算する場合，テストデータの選び方に

---

*1 本章では，$f(a)$ を報酬期待値として定義したので，損失は $-f(a)$ に対応します．

よって予測誤差が異なるため，これは雑音ありモデルとみなすことができます．

8.2 リグレットの設定

有限個のアームに対するバンディット問題における累積報酬最大化と最適腕識別に対応して，連続腕バンディットでもプレイヤーの目標について2つの定式化があります．累積報酬最大化は T 回の行動で得られた報酬の和 $\sum_{t=1}^{T} X_t$ の最大化を目指すもので，プレイヤーが最小化すべきリグレットは

$$\mathrm{regret}(T) = \sum_{t=1}^{T} (f(a^*) - f(a_t))$$

となります．例えば漁を行う位置を選択して漁獲高を最大化する，あるいは無線通信のパラメータを選択して累積のデータ伝送量を最大化するといった設定は，累積報酬最大化の問題とみなすことができます．

また最適腕識別の設定では，プレイヤーは T 回の行動の後に最も報酬期待値 $f(a)$ の高いと思われる行動 $\hat{a}^*(T)$ を提示します．ここで $|\mathcal{A}| = \infty$ の場合は，厳密な最適腕を識別することはほぼ不可能であるため，誤識別率を規準として用いた有限個のスロットマシンでの最適腕識別と異なり，単純リグレット

$$\Delta(T) = f(a^*) - f(\hat{a}^*(T))$$

をプレイヤーの損失として通常用います．特に雑音なしモデルの場合，すでに $f(a)$ の値が確定している候補を $\hat{a}^*(T)$ として提示することが一般的であり，この場合の単純リグレットは

$$\Delta(T) = f(a^*) - \max_{t \in \{1,2,\ldots,T\}} f(a_t)$$

と表されます．例 8.1 で述べた超パラメータの調整や，道路上にカメラを配置して交通量が最大の場所を発見するといった問題は，単純リグレットの最小化とみなすことができます．このような単純リグレットの最小化は（一般

に非凸の）関数 f の最適化問題のうち，1 回の $f(a)$ の観測に膨大な（時間的あるいは金銭的な）コストがかかり，勾配なども計算ができない設定とみなすことができ，その意味でこれらは**ブラックボックス最適化** (black-box optimization) ともよばれます．

8.3 期待値関数のクラス

最大化したい期待値関数 f が凸あるいは単峰型であるとき，$a^* = \mathrm{argmax}_{a\in\mathcal{A}} f(a)$ の発見は比較的容易です．一方，f が不連続あるいは連続ではあっても任意の傾きで急激に変化することを許した場合には，有限回の関数評価で $f(a) \approx f(a^*)$ となるような a を求めるのはほとんど不可能になります．したがって，$f(a)$ の性質について何らかの仮定をおくことが連続腕バンディットにおいては本質的となります．

8.3.1 滑らかさの制約

滑らかさについての仮定で最も単純なものとして，$f(a)$ が**リプシッツ連続** (Lipschitz continuous) である，すなわちある定数 $c > 0$ が存在してすべての $a, a' \in \mathcal{A}$ に対して

$$|f(a') - f(a)| \le c\|a' - a\| \tag{8.1}$$

が成り立つとする仮定があります．ここで，$\|a\|$ は $a \in \mathbb{R}^d$ のユークリッドノルムとします．

この仮定はしばしば強すぎる場合があり，また多くの実際の解析では式 (8.1) は最適点 a^* のまわりで成り立っていれば十分となります．そこで，リプシッツ連続性より弱い仮定として，ある $c, \alpha > 0$ とすべての $a \in \mathcal{A}$ で

$$f(a^*) - f(a) \le c\|a^* - a\|^\alpha \tag{8.2}$$

が成り立つとする仮定もよく用いられます．

8.3.2 ベイズ最適化

以上のように関数 f のクラスを考えた場合，そのクラス内の f のうちでリグレットの最悪値を与えるものにもうまく対応できるような方策を構成する

ことが必要となります．一方，最悪時における性能については諦めて，「平均的な」ケースに対してよい性能となる方策が構成できれば十分とする考え方に基づくのが**ベイズ最適化** (Bayesian optimization) です．

ベイズ最適化では，期待値 $f(\cdot)$ が（未知の）固定された関数ではなく事前分布 $\pi(f) = \pi(\{f(a)\}_{a\in\mathcal{A}})$ に従う確率変数と考えます．通常，ベイズ最適化における事前分布 π は**ガウス過程** (Gaussian process) であるとします．ここで関数 f がガウス過程 π に従うとは，ある期待値関数 $\mu : \mathcal{A} \to \mathbb{R}$ と共分散関数 $k : \mathcal{A}^2 \mapsto \mathbb{R}$ および任意の有限集合 $\boldsymbol{a}_t = (a_1, a_2, \ldots, a_t) \in \mathcal{A}^t$ に対して [*2]，$f(\boldsymbol{a}_t) = (f(a_1), f(a_2), \ldots, f(a_t)) \in \mathbb{R}^t$ が多変量正規分布 $\mathcal{N}(\mu(\boldsymbol{a}_t), k(\boldsymbol{a}_t, \boldsymbol{a}_t))$ に従うことをいいます．ただし

$$\mu(\boldsymbol{a}_t) = (\mu(a_1), \mu(a_2), \ldots, \mu(a_t))$$

$$k(\boldsymbol{a}_t, \boldsymbol{a}'_s) = \begin{pmatrix} k(a_1, a'_1) & k(a_1, a'_2) & \cdots & k(a_1, a'_s) \\ k(a_2, a'_1) & k(a_2, a'_2) & \cdots & k(a_2, a'_s) \\ \vdots & \vdots & \ddots & \vdots \\ k(a_t, a'_1) & k(a_t, a'_2) & \cdots & k(a_t, a'_s) \end{pmatrix}$$

とします．関数 f について特に事前知識のない場合は通常 $\mu(a) = 0$ とします．これらの事前分布のもと観測する報酬 $\boldsymbol{X}_t = (X_1, X_2, \ldots, X_t)$ は多変量正規分布 $\mathcal{N}(\mu(\boldsymbol{a}_t), K(\boldsymbol{a}_t, \boldsymbol{a}_t) + \sigma^2 I_t)$ に従い，s 個の行動の候補 $\boldsymbol{a}'_s = (a'_1, a'_2, \ldots, a'_s) \in \mathcal{A}^s$ の報酬期待値 $f(\boldsymbol{a}'_s)$ との事前同時確率密度は

$$\boldsymbol{z}_{t,s} = (\boldsymbol{X}_t - \mu(\boldsymbol{a}_t), f(\boldsymbol{a}'_s) - \mu(\boldsymbol{a}'_s))$$

に対して

$$\pi(\boldsymbol{X}_t, f(\boldsymbol{a}'_s)) \propto \exp\left(-\frac{1}{2}\boldsymbol{z}_{t,s} \begin{pmatrix} k(\boldsymbol{a}_t, \boldsymbol{a}_t) + \sigma^2 I_t & k(\boldsymbol{a}_t, \boldsymbol{a}'_s) \\ k(\boldsymbol{a}'_s, \boldsymbol{a}_t) & k(\boldsymbol{a}'_s, \boldsymbol{a}'_s) \end{pmatrix}^{-1} \boldsymbol{z}_{t,s}^\top \right)$$

で与えられます．そこで $K_t = k(\boldsymbol{a}_t, \boldsymbol{a}_t) + \sigma^2 I_t$ と定義して付録 A のブロック行列の逆行列公式 (A.3) を用いることにより，報酬 $\boldsymbol{X}_t$ を与えたもとでの s 個の行動 $\boldsymbol{a}'_s$ の期待値 $f(\boldsymbol{a}'_s)$ の事後同時分布は平均と共分散がそれぞれ

*2 本章では，行動 $a \in \mathcal{A} \subset \mathbb{R}^d$ を 7 章と同じく縦ベクトルで表し，$a \in \mathcal{A}$ に関する系列はこのように横ベクトルで表すことにします．

$$\mu(\boldsymbol{a}'_s|\boldsymbol{X}_t) = \mu(\boldsymbol{a}'_s) + (\boldsymbol{X}_t - \mu(\boldsymbol{a}_t))K_t^{-1}k(\boldsymbol{a}_t, \boldsymbol{a}'_s)$$
$$\Sigma(\boldsymbol{a}'_s|\boldsymbol{X}_t) = k(\boldsymbol{a}'_s, \boldsymbol{a}'_s) - k(\boldsymbol{a}'_s, \boldsymbol{a}_t)K_t^{-1}k(\boldsymbol{a}_t, \boldsymbol{a}'_s) \tag{8.3}$$

の多変量正規分布 $\mathcal{N}(\mu(\boldsymbol{a}'_s|\boldsymbol{X}_t), \Sigma(\boldsymbol{a}'_s|\boldsymbol{X}_t))$ となることがわかります．ここで

$$K_{t+1} = \begin{pmatrix} K_t & k(\boldsymbol{a}_t, a_{t+1}) \\ k(a_{t+1}, \boldsymbol{a}_t) & k(a_{t+1}, a_{t+1}) + \sigma_0^2 \end{pmatrix}$$

であることから，K_{t+1}^{-1} はブロック行列の逆行列の公式 (A.4) により効率的に更新できます．

さて，共分散関数 $k(a, a') = \mathrm{Cov}(f(a), f(a'))$ は，直感的には $f(a)$ と $f(a')$ の「類似度」に対応していると解釈することができ，通常の場合は正定値カーネル関数 $g : \mathbb{R} \to \mathbb{R}$ に関して

$$k(a, a') = \sigma_0^2 g(\|a - a'\|_{\boldsymbol{\lambda}}) \tag{8.4}$$

という形に表されるものが用いられます[*3]．ここで $\|a\|_{\boldsymbol{\lambda}} = \sqrt{\sum_{i=1}^d (a_i/\lambda_i)^2}$ は，特徴量 $a \in \mathbb{R}^d$ をスケールパラメータ $\boldsymbol{\lambda} = (\lambda_1, \lambda_2, \ldots, \lambda_d) \in (0, \infty)^d$ で規格化したユークリッドノルムであり，$\sigma_0^2 > 0$ は f のスケールパラメータに対応します．

カーネル関数の最も代表的な例としては**ガウスカーネル** (Gaussian kernel) $g(z) = \exp(-z^2/2)$ があり，またその一般化として ν 次の**マターンカーネル** (Matérn kernel)

$$g(z) = \frac{2^{1-\nu}}{\Gamma(\nu)} \left(\sqrt{2\nu} z\right)^\nu K_\nu \left(\sqrt{2\nu} z\right), \quad 0 < \nu \le \infty$$

もしばしば用いられます．ここで $K_\nu(\cdot)$ は第 2 種変形ベッセル関数で，自然数 $n \in \mathbb{N}$ に対して $\nu = n + 1/2$ と表せるとき

$$K_\nu(w) = \sqrt{\frac{\pi}{2w}} \mathrm{e}^{-w} \sum_{k=0}^{n} \frac{(n+k)!}{k!(n-k)!} (2w)^{-k}$$

と明示的な形に表されます．ガウスカーネルは $\nu = \infty$ の場合に対応します．

*3 共分散関数 $k(a, a')$ そのものもしばしばカーネル関数とよばれます．

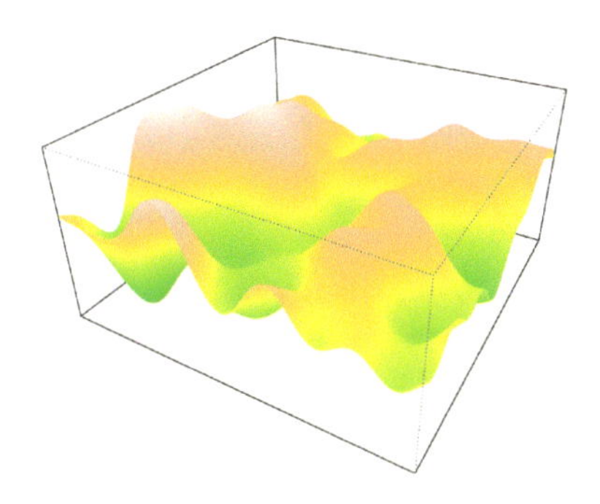

図 8.1 ガウスカーネルが生成する $f(z)$.

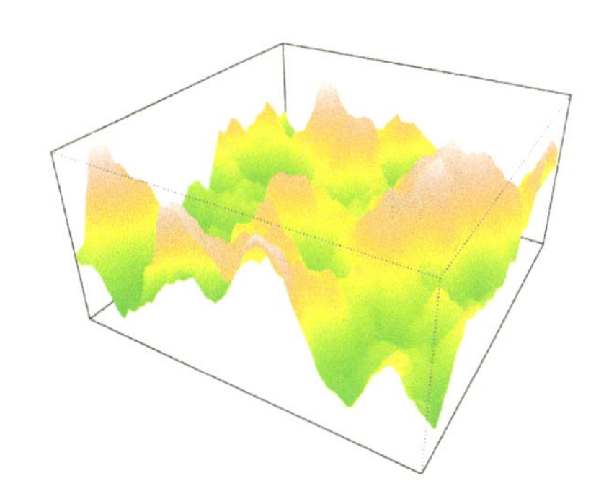

図 8.2 マターンカーネル ($\nu = 1.5$) が生成する $f(z)$.

マターンカーネルによって生成される関数 $f(a)$ はほとんど確実に $\lceil \nu \rceil - 1$ 階連続的微分可能であり，したがって大きい ν を用いる（あるいはガウスカーネルを用いる）ほど，$f(a)$ がより滑らかであることを仮定することになります [1,58]．異なるカーネルのもとで生成される関数 $f : \mathbb{R}^2 \to \mathbb{R}$ の例を図 **8.1** と図 **8.2** に示します．これらは互いに共通したスケールパラメータ $\sigma_0^2, \boldsymbol{\lambda}$ を用いていますが，マターンカーネルのほうがより局所的な変化度合いの大きい関数を生成していることがわかります．

また，式 (8.4) の形とならない共分散関数の例として**線形カーネル** (linear kernel) $k(a, a') = \sigma_0^2 a^\top a'$ があります．以下では，線形カーネルが名前の通り $f(a)$ が a の線形関数であると仮定する，すなわち線形バンディットを考えることと同等であることを説明します．

線形カーネルのもとで $k(\boldsymbol{a}_t, \boldsymbol{a}'_s) = \sigma_0^2 \boldsymbol{a}_t^\top \boldsymbol{a}'_s$ が成り立つことから，事前期待値 $\mu(a) = 0$ のもとで $f(\boldsymbol{a}_t)$ の事前分布は

$$\pi(f(\boldsymbol{a}_t)) = \mathcal{N}(0,\, \sigma_0^2 \boldsymbol{a}_t^\top \boldsymbol{a}_t) \tag{8.5}$$

と表されます．一方，7 章で説明した線形バンディットでは，未知の $\theta \in \mathbb{R}^d$ に対して報酬期待値が $f(a) = \theta^\top a$ と表されましたが，ここで θ が事前分布 $\pi_{\mathrm{lin}}(\theta) = \mathcal{N}(0, \sigma_0^2 I_d)$ に従うとした場合の $f(\boldsymbol{a}_t) = \theta^\top \boldsymbol{a}_t$ の事前分布は

$$\pi_{\mathrm{lin}}(\theta^\top \boldsymbol{a}_t) = \mathcal{N}(0,\, \boldsymbol{a}_t^\top (\sigma_0^2 I_d) \boldsymbol{a}_t) = \mathcal{N}(0,\, \sigma_0^2 \boldsymbol{a}_t^\top \boldsymbol{a}_t)$$

となり，線形カーネルにおける事前分布 (8.5) と同一であることがわかり

ます．

8.4 連続腕バンディットの方策

連続腕バンディットにおいては，有限腕バンディットの方策の自然な拡張が可能であるほか，特に雑音なし・単純リグレット最小化のための方策については，ブラックボックス最適化の研究の文脈でさまざまなものが提案されています．以下では，まず $f(a)$ が生成されているカーネルおよびスケールパラメータ $\sigma_0, \boldsymbol{\lambda}$ が既知である場合を考えます．これらの推定については 8.5 節で議論します．

8.4.1 GP-UCB 方策

期待値関数 $f(a)$ がガウス過程に従うとした場合には，UCB 方策を比較的自然に拡張できます．行動 $a \in \mathcal{A}$ の期待値 $f(a)$ の事後分布は正規分布で与えられ，その期待値と分散はそれぞれ式 (8.3) より

$$\mu(a|\boldsymbol{X}_t) = \mu(a) + (\boldsymbol{X}_t - \mu(\boldsymbol{a}_t))K_t^{-1}k(\boldsymbol{a}_t, a)\,,$$
$$\sigma^2(a|\boldsymbol{X}_t) = k(a,a) - k(a,\boldsymbol{a}_t)K_t^{-1}k(\boldsymbol{a}_t, a) \tag{8.6}$$

で与えられます．そこで真の $f(a)$ のベイズ信頼区間の上限は

$$\overline{\mu}_a(t) = \mu(a|\boldsymbol{X}_t) + \alpha_t\sigma(a|\boldsymbol{X}_t) \tag{8.7}$$

と表すことができます．この値 $\bar{\mu}_a(t)$ を UCB スコアとみなし，各時刻 t に $\overline{\mu}_a(t)$ を最大化する行動 a を選択するのが **Gaussian Process UCB 方策**です．以降はこれを単に **GP-UCB 方策** (GP-UCB policy) とよびます．ここで，α_t は信頼度に対応するパラメータで，これは $\overline{\mu}_a(t)$ が真の期待値 $f(a)$ の上界とならない，すなわち $f(a) > \overline{\mu}_a(t)$ となる事後確率を $\mathrm{e}^{-\alpha_t^2/2}$ 程度で抑えることに対応します．線形バンディットにおける LinUCB 方策が各行動の期待値の信頼区間に基づいていたのに対し，GP-UCB 方策はベイズ信頼区間に基づいたものになっていますが，実質的な動作は（線形カーネルのもとでは）ほとんど同じものとなります．

1 次元の特徴量空間 $\mathcal{A} = [0,1]$ とガウスカーネルに対して 4 回の観測を行った場合の $f(a)$ のベイズ信頼区間の例を，**図 8.3** と**図 8.4** に示します．

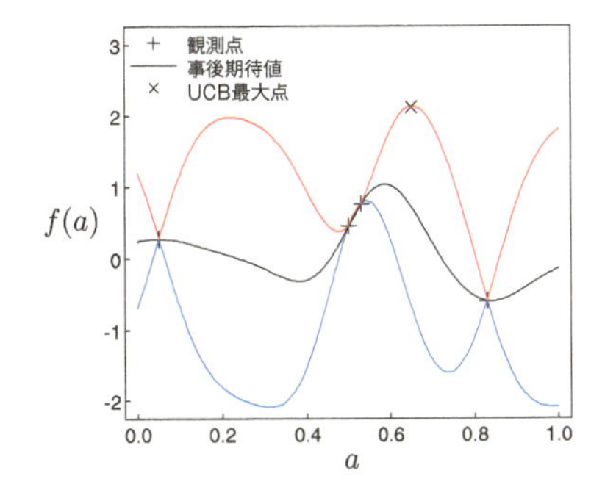

図 8.3 雑音なしモデルでのベイズ信頼区間.

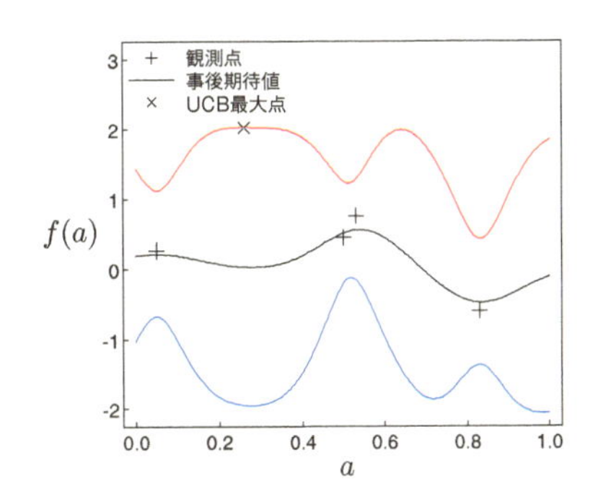

図 8.4 雑音ありモデルでのベイズ信頼区間.

ここで赤線と青線は，それぞれ $\alpha_t = 2$ での $f(a)$ の期待値のベイズ信頼区間の上限 $\mu(a|\boldsymbol{X}_t) + 2\sigma(a|\boldsymbol{X}_t)$ と下限 $\mu(a|\boldsymbol{X}_t) - 2\sigma(a|\boldsymbol{X}_t)$ を表しています．

GP-UCB 方策で $\alpha_t = \mathrm{O}(\sqrt{d \log t})$ とすることにより，ガウス過程により生成された $f(a)$ に対して，（累積報酬の意味での）リグレットが高確率で

$$\mathrm{regret}(T) = \begin{cases} \mathrm{O}\left(\sqrt{T(\log T)^{d+2}}\right), & k(\cdot,\cdot)\text{ がガウスカーネル} \\ \mathrm{O}\left(T^{\frac{\nu+d(d+1)}{2\nu+d(d+1)}} \log T\right), & k(\cdot,\cdot)\text{ が次数 } 1 < \nu < \infty \text{ のマターンカーネル} \end{cases}$$

となることが示されています [62]．さて，GP-UCB 方策は次に述べるトンプソン抽出と異なり，α_t をある程度調整する必要があります．ただしこれは利点でもあり，α_t を大きく調整することで，単純リグレットの最小化にも適応させることが可能です．

8.4.2 トンプソン抽出

有限腕のバンディット問題で用いた方策のうち，最も自然にガウス過程に適用できるのがトンプソン抽出です．時刻 t までに行動 $\boldsymbol{a}_t$ を選択して $\boldsymbol{X}_t$ を観測したときの行動の候補 $\boldsymbol{a}'_s = (a'_1, a'_2, \ldots, a'_s) \in \mathcal{A}^s$ の期待値 $f(\boldsymbol{a}'_s)$ の事後分布は，式 (8.3) で与えたパラメータをもつ多変量正規分布 $\mathcal{N}(\mu(\boldsymbol{a}'_s|\boldsymbol{X}_t), \Sigma(\boldsymbol{a}'_s|\boldsymbol{X}_t))$ で表されました．したがって，$\mathcal{A}$ を適当に離散化した $\boldsymbol{a}'_s \subset \mathcal{A}$ に対して，この多変量正規分布からの乱数 $\tilde{f}(\boldsymbol{a}'_s)$ を抽出し，行

動 $\tilde{a} = \mathrm{argmax}_{a \in \{a'_1, a'_2, \ldots, a'_s\}} \tilde{f}(a)$ を各時刻に選択することで自然なトンプソン抽出の拡張が得られます．

ここで 8.3.2 節の議論からわかるように，線形カーネルを用いた場合のこの方策は，（離散化の誤差を考えなければ）線形バンディットにおけるトンプソン抽出とまったく同じ性能となります．一方で，線形バンディットにおける定式化では各時刻ごとに d 次元行列に関する計算のみからトンプソン抽出が実行できたのに対し，ガウス過程としての定式化では t 次元行列に関する計算が必要となり，時刻 t が大きくなるにつれて試行あたりの計算量が増大します．これはガウス過程モデルのもとでは，「ある θ に対して $f(a) = \theta^\top a$ が成り立つ」という性質を陽には使わないことに起因します．

逆に，一般のカーネル関数のもとでのガウス過程上のバンディット問題は，カーネル関数から定まる写像 $\phi(\cdot)$ のもとでの特徴量空間 $\{\phi(a) : a \in \mathcal{A} \subset \mathbb{R}^d\}$ 上における線形バンディット $f(a) = \theta^\top \phi(a)$ とみなすことも可能です．しかし，この方式は $\phi(a)$ および θ の次元 d が有限とならない場合があり，必ずしも現実的ではありません．この点については一般的なカーネル法の文献 [71] を参照してください．

8.4.3 期待改善量方策

GP-UCB 方策やトンプソン抽出はいずれも事後期待値 $\mu(a|\boldsymbol{X}_t)$ と事後分散 $\sigma^2(a|\boldsymbol{X}_t)$ がともに大きい行動が選択されやすくなる方策ですが，雑音なしモデルかつ単純リグレットの最小化を目指す設定のもとでは，より直接的にこれらのバランスを最適化することができ，本節と次節ではその場合の方策について紹介します．

さて，総行動数 T を事前に知っており，現在 $T-1$ 回の行動をすでに終えて報酬 $\boldsymbol{X}_{T-1} = f(\boldsymbol{a}_{T-1}) = (f(a_1), f(a_2), \ldots, f(a_{T-1}))$ が得られているという状況を考えます．ここで $\hat{f}^*_t = \max_{s \in \{1,2,\ldots,t\}} f(a_s)$ とすると，T 回の行動を終えた後の単純リグレットは

$$\Delta(T) = f(a^*) - \hat{f}^*_T = f(a^*) - \max\{f(a_T), \hat{f}^*_{T-1}\} \tag{8.8}$$

で与えられます．したがって，$T-1$ 回までの行動を固定したもとで，単純リグレットの条件付き期待値を最小化する時刻 T での行動は

$$\hat{a}_T = \operatorname*{argmax}_{a\in\mathcal{A}} \mathbb{E}[\max\{f(a), \hat{f}^*_{T-1}\}|f(\boldsymbol{a}_{T-1})]$$
$$= \operatorname*{argmax}_{a\in\mathcal{A}} \mathbb{E}[\max\{f(a) - \hat{f}^*_{T-1}, 0\}|f(\boldsymbol{a}_{T-1})] \tag{8.9}$$

となります．式 (8.9) において最大化している量

$$\mathrm{EI}(a|f(\boldsymbol{a}_t)) = \mathbb{E}[\max\{f(a) - \hat{f}^*_t, 0\}|f(\boldsymbol{a}_t)]$$

は，それまでの観測の最大値 $\hat{f}^*$ が行動 a を選択することにより改善される量の期待値を表しており，**期待改善量** (Expected Improvement, EI) とよばれます．これは $g_t(a) = \frac{\hat{f}^*_t - \mu(a|f(\boldsymbol{a}_t))}{\sigma(a|f(\boldsymbol{a}_t))}$ とおくと，式 (8.6) より

$$\begin{aligned}
\mathrm{EI}(a|f(\boldsymbol{a}_t)) &= \mathbb{E}_{X\sim\mathcal{N}(\mu(a|f(\boldsymbol{a}_t)),\sigma^2(a|f(\boldsymbol{a}_t)))}\left[\max\{X - \hat{f}^*_t, 0\}\right] \\
&= \mathbb{E}_{X\sim\mathcal{N}(0,1)}\left[\max\{\sigma(a|f(\boldsymbol{a}_t))X - (\hat{f}^*_t - \mu(a|f(\boldsymbol{a}_t))), 0\}\right] \\
&= \sigma(a|f(\boldsymbol{a}_t))\int_{g_t(a)}^{\infty} \frac{x - g_t(a)}{\sqrt{2\pi}} \mathrm{e}^{-\frac{x^2}{2}}\mathrm{d}x \\
&= \sigma(a|f(\boldsymbol{a}_t))\left(\left[-\frac{1}{\sqrt{2\pi}}\mathrm{e}^{-\frac{x^2}{2}}\right]_{g_t(a)}^{\infty} - g_t(a)\Phi(-g_t(a))\right) \\
&= \sigma(a|f(\boldsymbol{a}_t))\left(\frac{1}{\sqrt{2\pi}}\mathrm{e}^{-\frac{g_t(a)^2}{2}} - g_t(a)\Phi(-g_t(a))\right)
\end{aligned} \tag{8.10}$$

と表されます．ただし，$\Phi(x)$ は標準正規分布の累積分布関数です．

期待改善量が最大の行動 $\hat{a}_t = \operatorname{argmax}_a \mathrm{EI}(a|f(\boldsymbol{a}_{t-1}))$ を各時刻 t にとる方策を**期待改善量方策**または **EI 方策** (EI policy) とよびます．この方策は，マターンカーネルのもとで単純リグレットを最悪時 [*4] で $\tilde{\mathrm{O}}(n^{-\min\{1,\nu\}})$ とでき，またこれを ϵ-貪欲法と組み合わせることにより $\tilde{\mathrm{O}}(T^{-\nu})$ の単純リグレットを達成できることが示されています [12]．

EI 方策は各時刻ごとに「目先の」最大値改善を目指す貪欲法とみなすことができます．式 (8.8),(8.9) の議論から，時刻 T において EI 方策を用いることは単純リグレットの期待値の意味で最適となりますが，一般に時刻 $t < T$ においては EI 方策は最適とはなりません．ただし，どのような方策を用いても，最悪時の単純リグレットの収束速度を $\tilde{\Omega}(T^{-\nu})$ より改善することは不

*4 ここでの最悪時とは，定めたカーネルのもとで生成されうる関数 $f(a)$ のクラスのうちで最悪の単純リグレットを与える $f(a)$ を考えるという意味を表します．

可能であり [12]，EI 方策はこの意味では最適に近いことがわかります．

なお，時刻 T において EI 方策を用いることは単純リグレットの期待値の意味で最適ですが，このことを利用すると時刻 $T-2$ までの観測を与えたもとで時刻 $T-1$ における最適方策は

$$\begin{aligned}\hat{a}_{T-1} &= \mathop{\mathrm{argmax}}_{a_{T-1}\in\mathcal{A}} \mathbb{E}[\max\{f(\hat{a}_T), f(a_{T-1}), \hat{f}^*_{T-2}\}|f(\boldsymbol{a}_{T-2})] \\ &= \mathop{\mathrm{argmax}}_{a_{T-1}\in\mathcal{A}} \mathbb{E}\Big[\max_{a_T\in\mathcal{A}} \mathrm{EI}(a_T|f(\boldsymbol{a}_{T-2}), f(a_{T-1})) \\ &\qquad\qquad + \max\{f(a_{T-1}), \hat{f}^*_{T-2}\}\Big| f(\boldsymbol{a}_{T-2})\Big]\end{aligned}$$

で与えられ，以下再帰的に時刻 $t = T-2, T-3, \ldots, 1$ における最適方策を定めることができます．これは実際の計算は困難であるものの，達成可能な期待単純リグレットの限界を与える方策として理論解析がなされており，最悪時の解析と同様に，期待値の意味でも T に関する多項式オーダーの単純リグレットが生じることが示されています [33]．一方，正の確率 $\delta > 0$ で単純リグレットが非常に大きくなることを許容した場合には，残りの確率 $1-\delta$ で T に関して指数関数的に小さいリグレットを達成する方策を構成できることが示されています [27]．

8.4.4 多項式時間で実行可能な方策

GP-UCB 方策や EI 方策の理論保証は，UCB スコア (8.7) や期待改善量 (8.10) を最大にする行動 $a \in \mathcal{A}$ を時刻ごとに計算することが前提となっています．これは図 8.3 と図 8.4 からもわかるように非凸な最適化問題であり，（一般に非凸な）$f(a)$ の最適化を行うために別の非凸最適化を解くという，ある意味では本末転倒な状況が生じてしまいます．このようなスコアの最適化の計算量は，例えば物理実験やセンサの配置のように $f(a)$ の関数値 1 回の評価が非常に高コストである場合には相対的に無視できますが，超パラメータの調整のように $f(a)$ の評価そのものも計算機で可能である場合には必ずしも無視できません．そこで，観測回数に関する多項式時間で実現可能かつ単純リグレットの収束が保証可能な方策についても，さまざまなものが考えられています．

多項式時間で実現可能な方策のうち，代表的なものが空間分割に基づくも

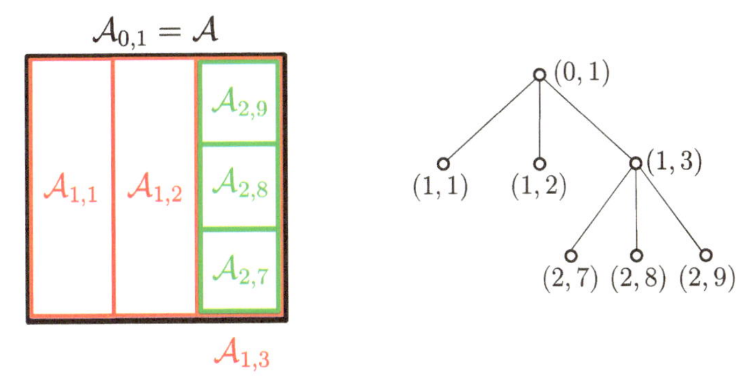

図 8.5 領域分割の例（左）とそれに対応する木構造（右）.

のです．以下では，例として 2 次元の特徴量空間 $\mathcal{A} = [0,1]^2$ を考えます．この方式では，まず初期領域を $\mathcal{A}_{0,1} = \mathcal{A}$ とし，その中心点 $a_{0,1} = (1/2, 1/2)$ での関数値 $f(a_{0,1})$ を観測します．次に，領域 $\mathcal{A}_{0,1}$ を 3 つの領域 $\mathcal{A}_{1,1} = [0,1/3] \times [0,1]$, $\mathcal{A}_{1,2} = [1/3, 2/3] \times [0,1]$, $\mathcal{A}_{1,3} = [2/3, 1] \times [0,1]$ に分割し，それらの中心点 $a_{1,1} = (1/6, 1/2)$, $a_{1,2} = (3/6, 1/2)$, $a_{1,3} = (5/6, 1/2)$ のうちまだ観測を行っていない関数値 $f(a_{1,1})$, $f(a_{1,3})$ を観測します [*5].

ここで観測の結果として，例えば $\mathcal{A}_{1,3}$ が最適解 a^* を含む領域として最も「有望」であることが判明したとします．このとき $\mathcal{A}_{1,3}$ をさらに 3 つの領域 $\mathcal{A}_{2,7} = [2/3, 1] \times [0, 1/3]$, $\mathcal{A}_{2,8} = [2/3, 1] \times [1/3, 2/3]$, $\mathcal{A}_{2,9} = [2/3, 1] \times [2/3, 1]$ に分割し，それらの中心点のうちまだ未知である関数値 $f(a_{2,7}) = f(5/6, 1/6)$, $f(a_{2,9}) = f(5/6, 5/6)$ を観測します．以上の操作によって得られた領域 $[0,1]^2$ の分割を図 **8.5**(左)に示します．

このような操作は一般に 3 分木 $\mathcal{T} \subset \{(h,i) : h \in \{0,1,\ldots\}, i \in \{1,2,\ldots,3^h\}\}$ により表現できます．ここで各 $(h,i) \in \mathcal{T}$ は木 $\mathcal{T}$ の節点のうち深さ h のものを表すとします．この節点 (h,i) は箱型領域 $\mathcal{A}_{h,i} \subset \mathcal{A} = [0,1]^d$ と一対一に対応するとし，その中心点を $a_{h,i}$ で表します．さらに，節点 (h,i) の 3 つの子が節点 $(h+1, 3i-2)$, $(h+1, 3i-1)$, $(h+1, 3i)$ に対応するものとし，これらが箱型領域 $\mathcal{A}_{h,i}$ のうち最も長い辺（複数ある場合はそのいずれか）を 3 分割したものに対応するものとします．ここでは 3 つの子

---

*5　一般に分割数を 3 以外にすることも可能ですが，分割後の領域のうち 1 つが分割前の領域の中心点と一致するように奇数個への分割を行うのが便利です．

のうち，$(h+1, 3i-1)$ が中央の領域に対応する，すなわち $a_{h,i} = a_{h+1,3i-1}$ が成り立つように添字が付けられているとします．

以上のような木構造と箱型領域の対応を行ったうえで，図 8.5(左)で示した操作は，まず根のみからなる木 $\mathcal{T} = \{(0,1)\}$ を初期状態とし，その唯一の葉 $(0,1)$ から子 $(1,1)$, $(1,2)$, $(1,3)$ を展開し，次にそれらのうち葉 $(0,1)$ をさらに展開したものとみなすことができます．この操作で得られる木構造は図 8.5(右)で表されます．

このように木の構成法を定めると，プレイヤーは各ステップでどの葉を「有望」とみなして展開するかを適切に選択することで，最大点 a^* が属する領域を逐次的に特定することができます．展開する葉の選び方が最も単純なものの 1 つとして **SOO 方策** (Simultaneous Optimistic Optimization policy)[53] を**アルゴリズム 8.1** に紹介します．ここで optimistic optimization とは，未知の関数 f が条件 (8.2) を満たすものと「楽観視」して探索を進めることに対応します．また，条件 (8.2) の滑らかさのパラメータ c, α が既知の場合には探索を行うべき深さをより限定できるのに対し，これらが実際には未知であるために各深さで並行して探索を進めるという意味で simultaneous という言葉が用いられています．SOO 方策において，n 回目の展開を終えた時点の観測回数は $t = 2n+1$ であり，またその時点での木 $\mathcal{T}_n$ は高々 $2n+1$ 個の葉しかもたないため，SOO 方策で t 回目の観測点を決定するのに必要な計算量は $\mathrm{O}(t)$ で抑えられ，計 T 回の観測までの計算量は $\mathrm{O}(T^2)$ となります．

SOO 方策の性能評価で重要になる概念が**近最適性次元** (near-optimality dimension) です．条件 (8.2) を満たす $f(a)$ の ϵ-最適解の集合を $\mathcal{A}_\epsilon = \{a : f(a) \geq f(a^*) - \epsilon\}$ とします．ここで，$f(a)$ の近最適性次元が d_α であるとは，任意の $\rho > 0$ に対してある $c_\rho > 0$ が存在して，すべての $\epsilon > 0$ に対して次が成り立つことをいいます *6．

それぞれ中心が $\mathcal{A}_\epsilon$ に含まれ互いに共通部分をもたないように詰め込むことができる半径 $\rho\epsilon^{1/\alpha}$ の球の数が高々 $c_\rho \epsilon^{-d_\alpha}$ 個である．

*6 実際には任意の $\rho > 0$ でなく，ある特定の $\rho_0 > 0$ に関して，この性質が満たされれば，以降の議論は可能であり，文献 [53] 中ではそのような定義がなされていますが，その ρ_0 のとり方はあまり本質的ではないため本書ではこの形に定義します．また，文献 [53] では条件 (8.2) をより一般化した滑らかさの尺度について解析がなされていますが，表記を簡潔にするため，ここでは扱いません．

アルゴリズム 8.1 SOO 方策

パラメータ： 最大深さ $h_{\max} \in \mathbb{N}$.

1: $f(a_{0,1})$ を観測. $\mathcal{T}_0 \leftarrow \{(0,1)\}$, $n \leftarrow 0$.
2: **loop**
3: $v_{\max} \leftarrow -\infty$.
4: **for** $h = 0, 1, \ldots, \min\{\mathrm{depth}(\mathcal{T}_n), h_{\max}\}$ **do**
5: $i_h \leftarrow \mathrm{argmax}_{i:(h,i)\in\mathcal{L}_n} f(a_{h,i})$. ただし $\mathcal{L}_n$ は $\mathcal{T}_n$ の葉集合.
6: **if** $f(a_{h,i_h}) \geq v_{\max}$ **then**
7: $v_{\max} \leftarrow f(a_{h,i_h})$.
8: $\mathcal{T}_{n+1} \leftarrow \mathcal{T}_n \cup \{(h+1, 3i_h - 2), (h+1, 3i_h - 1), (h+1, 3i_h)\}$.
9: $f(a_{h+1,3i_h-2})$, $f(a_{h+1,3i_h})$ を観測. $n \leftarrow n+1$.
10: **if** $2n+1 \geq T-1$ **then**
11: $a = \mathrm{argmax}_{a_{h,i}:(h,i)\in\mathcal{T}_n} f(a_{h,i})$ を出力して終了.
12: **end if**
13: **end if**
14: **end for**
15: **end loop**

近最適性次元の具体例については例 8.2 を参照してください.

この近最適性次元を用いて, SOO 方策の性能は次のように評価されます.

定理 8.1 (SOO 方策の単純リグレット [53])

関数 f が条件 (8.2) を満たし，近最適性次元が $d_\alpha \in [0,\infty)$ であるとする．ここで SOO 方策のもとで，$T = 2n+1$ 回の観測を行ったとき

$$\Delta(2n+1) \leq \begin{cases} C3^{-\frac{\alpha}{d}\min\left\{h_{\max}, \frac{n}{c_\rho h_{\max}}\right\}}, & d_\alpha = 0 \\ C\max\left\{3^{-\frac{\alpha h_{\max}}{d}}, \left(\frac{n}{h_{\max}}\right)^{-\frac{1}{d_\alpha}}\right\}, & d_\alpha > 0 \end{cases}$$

が成り立つ．ここで，$c_\rho, C > 0$ は $h_{\max}$ と n に依存しない定数である．特に，$h_{\max} = \sqrt{n}$ としたとき次が成り立つ．

$$\Delta(2n+1) = \begin{cases} 3^{-\Omega(\sqrt{n})}, & d_\alpha = 0 \\ \mathrm{O}\left(n^{-\frac{1}{2d_\alpha}}\right), & d_\alpha > 0. \end{cases}$$

この結果から，近最適性次元 d_α が 0 であれば SOO 方策の単純リグレットは指数関数的に減衰し，$d_\alpha > 0$ の場合も多項式的な収束が保証できることがわかります．さらに，滑らかさについての仮定 (8.2) を考えるのではなく，ガウス過程により f が生成されているとした場合も，SOO 方策の拡張として UCB スコアや LCB スコアを用いて展開を行う葉を決定することで，高確率で小さな単純リグレットを達成できることが示されています [41,67]．

定理 8.1 を用いた SOO 方策の性能評価の例としては次のものがあげられます．

例 8.2 (近最適性次元とリグレット上界の例)

$f(a)$ が a^* のある近傍で $f(a) = f(a^*) - c_1\|a-a^*\|^\alpha$ と表されるとします．このとき，ある $c \geq c_1$ をとると，条件 (8.2) が任意の $a \in \mathcal{A}$ で満たされます．一方で，十分小さい ϵ に対して $\mathcal{A}_\epsilon = \{a : \|a-a^*\| \leq (\epsilon/c_1)^{1/\alpha}\}$ が成り立ちます．中心点がこの中にあり互いに共通部分をもたない半径 $\rho\epsilon^{1/\alpha}$ の球の個数は相似性より ϵ に依存しないため，近最適性次元は

$d_\alpha = 0$ となり，SOO 方策により指数関数的に小さい単純リグレット $3^{-\Omega(\sqrt{n})}$ が達成できます．

定理 8.1 の証明のために，まず i_h^* を最適解 a^* を含む深さ h の節点，すなわち $a^* \in \mathcal{A}_{h,i}$ なる i とし，また時刻 n までに a^* が含む領域が展開されている最大深さを $h_n^* = \max\{h : (h, i_h^*) \in \mathcal{T}_n\}$ と定義します．さらに，

$$\delta(h) = \sup_{a \in \mathcal{A}_{h,i_h^*}} \{f(a^*) - f(a)\}$$

$$I_h = \{(h,i) : f(a_{h,i}) \geq f(a^*) - \delta(h)\}$$

と定義して，次の補題を示します．

補題 8.2（SOO 方策の探索深さ）

ある $k \leq h_{\max}$ で $n \geq h_{\max} \sum_{h=0}^{k} |I_h|$ ならば，$h_n^* \geq k+1$ が成り立つ．したがって，

$$h_n^* \geq \min\left\{h_{\max}+1,\ \min\left\{k : n < h_{\max} \sum_{h=0}^{k} |I_h|\right\}\right\}.$$

証明. $h_n^* \leq h_{\max}$ なる任意の n をとる．ここで $\delta(h)$ の定義より $f(a_{h_n^*, i_{h_n^*}^*}) \geq f(a^*) - \delta(h_n^*)$ であるため，$(h_n^*, i_{h_n^*}^*) \in I_{h_n^*}$ が成り立つ．したがって，任意の $h \leq h_n^*$ および $(h,i) \notin I_h$ に対して

$$a_{h,i} < f(a^*) - \delta(h) \leq f(a^*) - \delta(h_n^*) \leq f(a_{h_n^*, i_{h_n^*}^*})$$

が成り立つ．そのためアルゴリズム 8.1 の各ループ内では，もしいずれの $h < h_n^*$ でも $(h,i) \in I_h$ が展開されなかった場合には必ず $h = h_n^*$ においてステップ 6 の条件 $f(a_{h,i_h}) \geq v_{\max}$ が真になり，結果として $I_{h_n^*}$ のいずれかの葉が展開される．以上のことから，$h_n^* \leq k$ である限りは各ループで $\bigcup_{h=0}^{k} I_h$ のいずれかの葉が必ず展開されるため，$(k, i_k^*) \in I_k$ は $\sum_{h=0}^{k} |I_h|$ ループ以内に展開される．1 ループでの展開回数は高々 $h_{\max}$ 回であることから求める結果を得る． □

定理 8.1 の証明. 箱型領域 $\mathcal{A}_{h,i}$ の最長辺の長さは $3^{-\lfloor h/d \rfloor} \le 3^{1-h/d}$ であるため

$$\sup_{a \in \mathcal{A}_{h,i}} ||a - a_{h,i}|| \le (1/2)\sqrt{d(3^{1-h/d})^2} \le (3/2)\sqrt{d}3^{-h/d}$$

である．したがって条件 (8.2) より

$$\delta(h) \le c\left((3/2)\sqrt{d}3^{-h/d}\right)^{\alpha} = C_1 3^{-h\alpha/d} \tag{8.11}$$

が成り立つ．ただし $C_1 = c((3/2)\sqrt{d})^{\alpha}$ とした．

一方，$\mathcal{A}_{h,i}$ の最短辺の長さは $3^{-\lceil h/d \rceil} \ge 3^{-h/d-1}$ であるため，$\mathcal{A}_{h,i}$ は半径 $3^{-h/d}/6$ の球を含む．ここで $(h,i) \in I_h$ について，$a_{h,i} \in \mathcal{A}_{\delta(h)} \subset \mathcal{A}_{C_1 3^{-h\alpha/d}}$ であるため，近最適性次元の定義（140 ページ参照）より

$$|I_h| \le c_\rho (C_1 3^{-h\alpha/d})^{-d_\alpha} = \frac{c_\rho}{C_1^{d_\alpha}} 3^{h\alpha d_\alpha/d}$$

が成り立つ．ただし $\rho = 1/(6C_1^{1/\alpha})$ とした．したがって $d_\alpha = 0$ のとき $\sum_{h=0}^{k} |I_h| \le c_\rho k$ であり，また $d_\alpha > 0$ のとき

$$\sum_{h=0}^{k} |I_h| \le \frac{c_\rho}{C_1^{d_\alpha}} \sum_{h=0}^{k} 3^{h\alpha d_\alpha/d} \le \frac{c_\rho}{C_1^{d_\alpha}} \frac{3^{(k+1)\alpha d_\alpha/d}}{3^{\alpha d_\alpha/d} - 1} = C_2 3^{k\alpha d_\alpha/d} \tag{8.12}$$

となる．ただし $C_2 = c_\rho \cdot 3^{\alpha d_\alpha/d}/(C_1^{d_\alpha}(3^{\alpha d_\alpha/d} - 1))$ とした．

最後に，補題 8.2 および式 (8.11) により

$$\begin{aligned}
\Delta(2n+1) &= f(a^*) - \max_{(h,i)\in\mathcal{T}_n} f(a_{h,i}) \\
&\le f(a^*) - f(a_{h_n^*, i_h^*}) \\
&\le \delta(h_n^*) \\
&\le \delta\left(\min\left\{h_{\max}+1,\ \min\left\{k : n < h_{\max}\sum_{h=0}^{k}|I_h|\right\}\right\}\right) \\
&\le C_1 3^{-(\alpha/d)\min\left\{h_{\max}+1,\ \min\left\{k : n < h_{\max}\sum_{h=0}^{k}|I_h|\right\}\right\}}
\end{aligned}$$

であるため，$d_\alpha = 0$ のとき

$$\Delta(2n+1) \le C_1 3^{-(\alpha/d)\min\{h_{\max}+1,\ \min\{k : n < h_{\max} c_\rho k\}\}}$$

$$\leq C_1 3^{-(\alpha/d)\min\left\{h_{\max}+1,\ \frac{n}{c_\rho h_{\max}}-1\right\}}$$

であり，また $d_\alpha > 0$ のとき式 (8.12) を用いることにより

$$\begin{aligned}\Delta(2n+1) &\leq C_1 3^{-(\alpha/d)\min\left\{h_{\max}+1,\ \frac{d\log_3 \frac{n}{C_2 h_{\max}}}{\alpha d_\alpha}-1\right\}}\\ &\leq C_1 \max\left\{3^{-\alpha h_{\max}/d},\ 3^{\alpha/d}\left(\frac{n}{C_2 h_{\max}}\right)^{-1/d_\alpha}\right\}\end{aligned}$$

となる．いずれの場合も，$C > 0$ を適切にとることで求める結果を得る． □

8.5 共分散関数のパラメータ推定

ガウス過程上のバンディット問題に関するこれまでの議論では，期待値関数 $f(a)$ を生成する共分散関数がガウスカーネルやマターンカーネルといった候補のうち，どのカーネル関数に基づいているか，また共分散関数 (8.4) のスケールパラメータ $(\sigma_0^2, \boldsymbol{\lambda})$ が何であるかを事前に知っていることを前提としていました．一方，このようなパラメータは実際には未知であり，実際のデータにあまりフィットしないカーネル関数やスケールパラメータを用いてしまった場合には，小さなリグレットを達成できなくなります．

そこで，このような共分散関数に関するパラメータ θ を事前に固定するのではなく，その候補集合 $\Theta \ni \theta$ を用意しておき，真のパラメータを動的に推定していく方法が実用上はよく用いられます．ここで θ は共分散のスケールパラメータ $(\sigma_0^2, \boldsymbol{\lambda})$ のほかカーネルの種類，マターンカーネルの次数 ν，あるいは観測ノイズの分散 $\sigma^2 > 0$ といったものをすべて組み合わせたベクトルとし，以下ではこれを単に**共分散パラメータ**とよびます．θ のもとでの共分散関数を $k^{(\theta)}$ と表します．以下では表記を簡単にするため Θ は有限集合とします．

共分散パラメータ θ が未知の場合に有効な最も単純な方式が，各時刻で θ についての最尤推定です．観測 $\boldsymbol{X}_t$ のもとでの共分散パラメータ θ の尤度は多変量正規分布の密度関数

$$L(\theta; \boldsymbol{X}_t) = \frac{1}{\sqrt{(2\pi)^d \det(k^{(\theta)}(\boldsymbol{a}_t, \boldsymbol{a}_t) + \sigma^2 I_d)}} \mathrm{e}^{-\frac{1}{2}\boldsymbol{X}_t (k^{(\theta)}(\boldsymbol{a}_t, \boldsymbol{a}_t)+\sigma^2 I_d)^{-1}\boldsymbol{X}_t^\top}$$

で与えられます．そこで時刻 $t+1$ における行動 a_{t+1} を決定する際に，$\hat{\theta}_t = \mathrm{argmax}_{\theta\in\Theta} L(\theta; \boldsymbol{X}_t)$ を共分散関数パラメータとしたものを用いることで，動的に適切な共分散関数を推定しながら探索を進めることができます．ただし，このように共分散パラメータを点推定により決定して探索を進める方法は，（特に時刻 t がまだ大きくないうちは）真値からかけ離れた領域に推定値が収束する場合があります．例えばこの方式に基づいて EI 方策を用いた場合，$t \to \infty$ としても最悪時では単純リグレットが 0 に収束しないことが示されています [12]．

また，サンプル数がまだ多くない場合にも実用上有効であると報告されているのが，共分散パラメータに関する事後平均をとる方式です．以下では EI 方策や GP-UCB 方策のように何らかのスコア関数 $u_\theta(a; \boldsymbol{X}_t)$ を最大化する行動 a を選択するタイプの方策を考えます．事後平均に基づく方式では，共分散パラメータ θ について事前分布 $\pi(\theta)$（通常は一様分布 $\pi(\theta) = 1/|\Theta|$）を導入し，スコア関数の事後平均

$$\begin{aligned} \mathbb{E}_{\theta\sim\pi(\theta|\boldsymbol{X}_t)}[u_\theta(a; \boldsymbol{X}_t)] &= \sum_{\theta\in\Theta} \pi(\theta|\boldsymbol{X}_t) u_\theta(a; \boldsymbol{X}_t) \\ &= \frac{\sum_{\theta\in\Theta} \pi(\theta) L(\theta; \boldsymbol{X}_t) u_\theta(a; \boldsymbol{X}_t)}{\sum_{\theta'\in\Theta} \pi(\theta') L(\theta'; \boldsymbol{X}_t)} \end{aligned} \tag{8.13}$$

を最大化する行動を各時刻に選択します．なお，式 (8.13) の分母は各行動 a で共通であるため実際には計算する必要はなく，例えば一様事前分布を用いた場合には，この方式によって選択される行動は

$$a_{t+1} = \mathop{\mathrm{argmax}}_{a\in\mathcal{A}} \sum_{\theta\in\Theta} L(\theta; \boldsymbol{X}_t) u_\theta(a; \boldsymbol{X}_t)$$

と表すことができます．なお，パラメータ θ について離散化を行わず無限個の候補を考える場合には，マルコフ連鎖モンテカルロ (MCMC) 法に基づいたモンテカルロ積分を行う方法などが提案されています [61]．

Chapter 9

バンディット問題の拡張

バンディット問題には線形バンディットのほかにもさまざまな拡張や一般化があり，本章ではそれらのうち実用上重要あるいは最近注目されているものを紹介します．

9.1 時間変化のあるバンディット問題

ニュース推薦などの設定では，クリックの有無といったバンディット問題の報酬に対応する量の確率分布が時刻とともに変化する場合があります．このような設定はいくつか定式化が考えられ，その定式化に応じてさまざまな方策が考えられます．本節では，これらのうち代表的なものについて紹介します．

9.1.1 文脈付きバンディットに基づく方法

これまで紹介した枠組みのうち，報酬分布の時間変化を自然に定式化する方法の 1 つが，文脈付きバンディットに基づくものです．文脈付きバンディットは，時刻 t における各行動 i（ここでは例えばニュース記事とします）の特徴量として $a_{i,t} \in \mathbb{R}^d$ が与えられているものでした．そこで，例えば $a_{i,t}$ の成分の 1 つとして $(a_{i,t})_j = f$(記事 i が配信開始されてからの経過時間) といった時刻に関する特徴量を何らかの関数 f を用いて導入することにより，LinUCB やトンプソン抽出などの文脈付きバンディットのための方策に時間変化の要素を導入することができます．ただし，この定式化が有効であるためには，報酬期待値の時間変化のパターンがある程度わかっている必要があります．例えば長期間にわたってある程度高いクリック率が持続する記事と短期的にクリック率のピークが終わる記事があるような場合は，クリック率の減少速度のパターンが別の特徴量によって表現できるようなモデルを導入するといった工夫が必要となります．

9.1.2 敵対的バンディットに基づく方法

報酬の性質が非定常的な場合に対して適用可能なもう1つの単純な方法として，敵対的バンディットのための方策を用いる方法があります．敵対的バンディットでは報酬が何らかの確率分布に従うことを仮定しないため，今回の「報酬が確率的ではあるが非定常的」という設定も敵対的バンディットの特別な場合とみなすことができます．したがって，例えばExp3方策により小さなリグレットを達成することができます．

ただし，こういった通常の敵対的バンディット問題の設定では，式(1.1)にあるようにリグレットの定義が

$$\mathrm{Regret}(T) = \max_{i \in \{1,2,\ldots,K\}} \sum_{t=1}^{T} X_i(t) - \sum_{t=1}^{T} X_{i(t)}(t)$$

という形で与えられていることに注意する必要があります．これは，実際の累積報酬を「常に同じアームを選択し続ける」という方策のうちで最良のものと比較することを意味しており，途中で引くアームを変更するような方策と比較することは考慮していません．

例として，アーム数 $K = 2$ と偶数 T に対して報酬の系列

$$X_1(t) = \begin{cases} 1, & t \le T/2 \\ 0, & t > T/2 \end{cases} \qquad X_2(t) = \begin{cases} 0, & t \le T/2 \\ 1, & t > T/2 \end{cases}$$

を考えます．このような報酬系列に対しては，時刻 $t \le T/2$ ではアーム1を，時刻 $t > T/2$ ではアーム2を選択するのが最良であり，その際の累積報酬 $T/2 + T/2 = T$ に近い累積報酬を（$X_i(t)$ を事前に知らない状態で）達成することが最大の目標となります．

一方，敵対的バンディットの設定で比較対象として考えるのは，アーム1を選択し続ける，あるいはアーム2を選択し続けるという方策であり，その

場合の累積報酬はいずれも $T/2$ となります．そのため，例えば Exp3 方策はリグレット上界 $\mathrm{O}(\sqrt{KT\log K})$ をもつものの，これは累積報酬が

$$\sum_{t=1}^{T} X_{i(t)}(t) = \max_{i\in\{1,2\}} \sum_{t=1}^{T} X_i(t) - \mathrm{Regret}(T) \geq \frac{T}{2} - \mathrm{O}(\sqrt{KT\log K})$$

となることまでしか保証できず，これは真の最大の累積報酬 T とは $T - (T/2 - \mathrm{O}(\sqrt{KT\log K})) = \mathrm{O}(T)$ の差があります．このように単純な敵対的バンディットのための方策は，例えば昼間/夜間といった要因により「各広告の全体的なクリック率は時間的に変化するが，そのクリック率の大小関係自体は変化しない」といった場合には有効であると考えられるものの，ニュース記事のように「クリック率の最も高い記事自体が時間的に変化する」と考えられる場合には必ずしも高い累積報酬を達成できません．

9.1.3 有限回の時間変化がある場合

確率的・敵対的バンディットいずれの設定においても，期待値最大のアームが時間的に変化する設定というのは，そうでない場合に比べて大幅に扱いにくくなります．例えば確率的な設定として，$\{0,1\}$ 上の報酬分布の組が途中で 1 回だけ変化するという設定，すなわち未知の t_0 と $\{\mu_i, \mu_i'\}_{i=1}^{K}$ があり，時刻 $t \leq t_0$ ではアーム i からの報酬がベルヌーイ分布 $\mathrm{Ber}(\mu_i)$ に，時刻 $t > t_0$ では $\mathrm{Ber}(\mu_i')$ に従う場合を考えます．ここで t_0 と $\{\mu_i, \mu_i'\}_{i=1}^{K}$ を知っていた場合の最大の期待報酬と実際の報酬期待値の差は

$$\mathrm{regret}(T) = \sum_{t=1}^{t_0-1} \left(\max_{i\in\{1,2,\ldots,K\}} \mu_i - \mu_{i(t)} \right) + \sum_{t=t_0}^{T} \left(\max_{i\in\{1,2,\ldots,K\}} \mu_i' - \mu_{i(t)}' \right)$$

で与えられ，プレイヤーはこの値の最小化を目指します．

この問題では，どのような方策を用いたとしても，ある t_0 と $\{\mu_i, \mu_i'\}_{i=1}^{K}$ に対しては，任意の十分大きい T でリグレットが

$$\mathbb{E}[\mathrm{regret}(T)] = \Omega(\sqrt{T}) \tag{9.1}$$

となることが知られています [30]．

補足 9.1 5章で述べたように，確率的バンディットでは分布の変化がない場合でも最悪時リグレットが $\Omega(\sqrt{KT})$ となることが示されているため，より一般的な今回の設定に対して下界式 (9.1) が成り立つことは自明な結果にも見えます．しかし，一般に最悪時リグレットの解析では T ごとに最悪値を与える $\{\mu_i\}_{i=1}^K$ が異なっており，ある固定した $\{\mu_{i,(1)}, \mu_{i,(2)}\}_{i=1}^K$ に対してすべての T で成り立つ式 (9.1) とは本質的に異なっています．

このように確率的バンディットにおいて確率分布の変化点がある場合の単純な方策として，**割引 UCB 方策** (discounted UCB policy) があります．この方策はアルゴリズム 3.2 で述べた UCB 方策において，アーム選択の規準となる UCB スコアを，以下の割引 UCB スコアに置き換えたものとして表されます．

$$\overline{\mu}_i(t) = \frac{S_i(t)}{W_i(t)} + \sqrt{\frac{\xi \log \sum_{j=1}^K W_j(t)}{W_i(t)}},$$

ただし，

$$W_i(t) = \sum_{s\in\{1,2,\ldots,t\}:i(s)=i} \gamma^{t-s}, \quad S_i(t) = \sum_{s\in\{1,2,\ldots,t\}:i(s)=i} \gamma^{t-s} X_i(s)$$

とします．ここで $\gamma \in (0,1], \xi > 0$ はプレイヤーが決めるパラメータであり，通常の UCB スコアは $\gamma = 1, \xi = 1/2$ の場合に対応します．割引 UCB スコアでは時刻 t における各アームの期待値の点推定値 $\frac{S_i(t)}{W_i(t)}$ を求めるにあたって，時間 s ぶん過去のサンプルについては $\gamma^s \le 1$ 倍だけ小さく重み付けした加重平均をとっており，遠い過去のサンプルにはあまり依存しません．この性質から，割引 UCB 方策は確率分布に時間変化がある場合にも適応的に探索ができ，時刻 T までに確率分布が変化する回数 c_T に対して $\xi > 2$, $\gamma = 1 - \sqrt{\frac{c_T}{16T}}$ とすることにより，リグレットを $\mathrm{O}(\sqrt{c_T T}\log T)$ と抑えることができます [30]．なお，敵対的バンディットにおいて変化点を考える方策については **Exp3.S 方策** (Exp3.S policy) といったものがあり，こちらも同様のリグレット上界を達成することが可能です [8]．

9.1.4 その他の手法

各アームに何らかの状態変化がある設定はさまざまなものが提案されており，例えば時刻ごとに選択可能なアームが変化する**睡眠型バンディット** (sleeping bandit)[43]，各アームについて選択可能な回数の上限がある**滅亡型バンディット** (mortal bandit)[18], 各アームに有限通りの状態があり引かなかったアームについても，その状態がマルコフ的に変化する設定を考える**非休止型バンディット** (restless bandit)[68] などがあります．

9.2 比較バンディット

これまでのバンディット問題の設定では，例えばクリックの有無というように報酬が明示的に観測される場合を考えました．一方，映画や音楽の推薦のように人間の嗜好が関係する設定では，各ユーザーに各候補の「よさ」を絶対評価してもらうことが難しかったり，あるいは評価点が得られたとしてもその傾向がユーザーによって偏る場合が多くあります．一方，そのような場合でも例えば「映画Aと映画Bはどちらが好みか」といった相対評価は比較的容易な場合があり，**比較バンディット** (dueling bandit) ではそのような相対評価に基づいて全体として「よい」候補を多く提示することを目指します．

例 9.1　(交互配置フィルタリング)

検索エンジンを最適化する問題を考え，その候補として K 通りの検索アルゴリズムがある設定を考えます．ここで**交互配置フィルタリング** (interleaved filetering) とよばれる手法では，ユーザーから検索クエリが与えられるごとに検索アルゴリズムのペア (i_1, i_2) を選び，アルゴリズム i_1 からの検索結果と i_2 からの検索結果を交互に混ぜたものを提示します．このとき i_1 からの検索結果がクリックされたのであれば「アーム i_1 がアーム i_2 より好まれた」とみなし，i_2 からの結果がクリックされたのであれば「アーム i_2 がアーム i_1 より好まれた」とみなすことで検索アルゴリズムの相対的な優劣を推定することができます．これらの結果に基づいて検索エンジンの設計者は最も「よい」検索アルゴリズム i^* を推定し，最終的にペア (i^*, i^*) を表示，つまり純粋な i^* の検索結果そのものをユーザーに提示し続けることを目指します．

9.2.1 定式化

比較バンディットでは，K 個のスロットマシンのアームを考え，プレイヤーは時刻 t ごとにアームのペア $(i_1(t), i_2(t))$ を選択します．各ペアに対しては（未知の）確率 $\mu_{i,j} = \mathbb{P}[\text{アーム } i \text{ がアーム } j \text{ に勝利}] \in [0,1]$ が定まっており，プレイヤーは選択したペア $(i_1(t), i_2(t))$ のうち，$i_1(t)$ と $i_2(t)$ のどちらかが勝ったかという情報を確率 $\mu_{i,j}$ に従って観測します．ここで定義から $\mu_{j,i} = 1 - \mu_{i,j}$ であり，また便宜上 $\mu_{i,i} = 1/2$ と定義します．単一候補からなるペア (i,i) の選択は新しい情報を何ももたらさないため，純粋な知識活用のためのものと考えることができます．

主に比較バンディットは複数の人間の曖昧な選好関係を考えるモデルであるため，報酬や「よいアーム」の定式化に若干の任意性があります．例えばアームが $K = 3$ 個あり，**図 9.1**(左)のように勝率が $\mu_{13} = 0.6$, $\mu_{32} = 0.9$, $\mu_{21} = 0.7$ となる場合を考えます．このようにアーム間の勝敗関係が循環形になっている場合，「相対的に最もよいアーム」を定義することができず，報酬やリグレットを定義することが難しくなります．このため比較バンディットの定式化では，考慮する勝率の組み合わせ $\{\mu_{i,j}\}_{(i,j)\in\{1,2,\ldots,K\}^2}$ に対して何らかの制約を入れることが多く，その代表的なものとしてまず**コンドルセ勝者** (Condorcet winner) の仮定について紹介します．

コンドルセ勝者とは，ほかのすべてのアームに対して 1/2 より大きい確率で勝利するアームのことをいい，例えば図 9.1(右)ではアーム 4 がコンドル

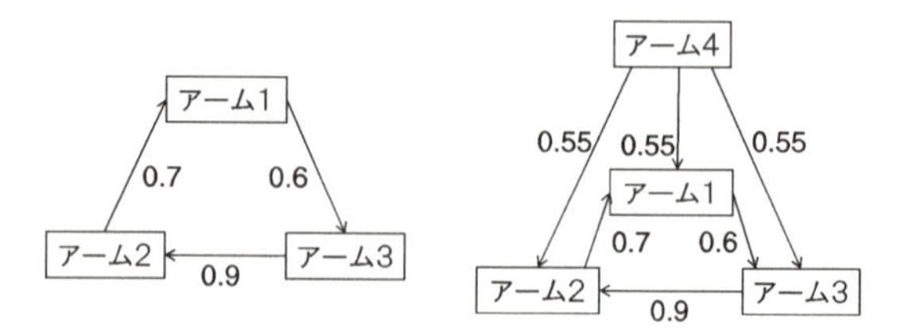

図 9.1 比較バンディットの状況例．左：コンドルセ勝者が存在しない．右：アーム 4 がコンドルセ勝者．

セ勝者となっています．このようにコンドルセ勝者の存在の仮定は，それ以外のアーム同士では循環関係が存在することを許容するという意味で比較的弱い制約となっており，実際多くの相対評価に基づく枠組みではコンドルセ勝者が存在することが経験的に知られています．これに対し，初期の比較バンディットの研究では，**全順序の仮定** (total order assumption) がよく用いられており，これは $\mu_{i,j} > 1/2$ かつ $\mu_{j,k} > 1/2$ ならば $\mu_{i,k} > 1/2$ が成り立つ，すなわちアーム間の勝敗の優劣について全順序関係が存在することを仮定するものです．全順序の仮定はコンドルセ勝者の仮定より真に強い制約で，図 9.1(右)のような例では全順序の仮定は満たされません．

さて，コンドルセ勝者 i^* の存在を仮定すると，プレイヤーの選択に関する「損失」$l(t) \geq 0$ をいくつか自然に定義することができ，代表的な例として選択したアームがコンドルセ勝者に負け越す度合いで損失を決める

$$\begin{aligned} l(t) &= (\mu_{i^*,i_1(t)} - 1/2) + (\mu_{i^*,i_2(t)} - 1/2) \\ &= \mu_{i^*,i_1(t)} + \mu_{i^*,i_2(t)} - 1 \end{aligned} \tag{9.2}$$

といった定義があります．このような損失の定義のもとでは，$l(t) = 0$ と $i_1(t) = i_2(t) = i^*$ が同値であり，プレイヤーのリグレットは

$$\mathrm{regret}(T) = \sum_{t=1}^{T} l(t)$$

と自然に定義されます．このときプレイヤーは常にコンドルセ勝者を選択し続けたときのみリグレットは 0 となり，それ以外の場合は正のリグレットが生じます．

これらの損失の定義は交互配置フィルタリングのような設定を考えた場合では自然ですが，一方で冒頭であげたような映画や音楽の推薦といった例では，同一の候補をユーザーに提示するのは無意味であるとする考え方もあります．そのような設定のために

$$l(t) = \mathbb{1}[i_1(t) \neq i^* \text{ かつ } i_2(t) \neq i^*] \tag{9.3}$$

といった定義を考えることもできます．この場合では提示したアームのうちいずれかがコンドルセ勝者となっていれば損失が 0 となり，このような定義のもとでのリグレットは**弱リグレット** (weak regret) とよばれます．

前述したように全順序の仮定が満たされる場合にはコンドルセ勝者が存在し，また現実の多くの場面でもコンドルセ勝者が存在することが経験上知られていますが，一方でそうでない場面もしばしば現れます．そこで常に存在する勝者の定式化として，ボルダ勝者・コープランド勝者などが提案されています．例えば**ボルダ勝者** (Borda winner) の規準では，「対戦相手」が K 個のアームを一様ランダムに選択したと仮定したときに，その対戦相手に対する勝率が最も高くなるアーム

$$i^*_{\mathrm{Borda}} = \mathop{\mathrm{argmax}}_{i\in\{1,2,\dots,K\}} \frac{1}{K}\sum_{j=1}^{K}\mu_{ij} = \mathop{\mathrm{argmax}}_{i\in\{1,2,\dots,K\}} \frac{1}{K-1}\sum_{j\neq i}^{K}\mu_{ij}$$

を最適なアームとして定義します．また，**コープランド勝者** (Copeland winner) の規準では勝ち越す対戦相手が最も多いアーム

$$i^*_{\mathrm{Copeland}} = \mathop{\mathrm{argmax}}_{i\in\{1,2,\dots,K\}} \sum_{j=1}^{K}\mathbb{1}\left[\mu_{ij} > 1/2\right]$$

を最適なアームと定義します．

例えば図 9.1(左)では，アーム 3 がボルダ勝者となり，アーム 1・2・3 のすべてがコープランド勝者となります．また，図 9.1(右)では，アーム 3 がボルダ勝者となり，アーム 4 がコープランド勝者となります．このように，もしコンドルセ勝者が存在すればそれはコープランド勝者にもなりますが，ボルダ勝者は必ずしもコンドルセ勝者とは一致しません．

ボルダ勝者は「一様ランダムな対戦相手を基準にする」という面で恣意性があるとする考えがあり,そのため一般の混合戦略をもつ対戦相手を考えてナッシュ均衡を達成する方策を考える定式化についても提案されています [26]．一方，ボルダ勝者は線形効用を最大化するアームとして自然な解釈ができ，この点については 9.3 節の部分観測問題としての定式化で説明します．

9.2.2 比較バンディットの方策

これまでに紹介したバンディットの定式化ではトンプソン抽出が一般に使える強力なヒューリスティクスでした．一方で比較バンディットでは，単純にトンプソン抽出を適用しても，まったく意味のある結果が得られないことが以下の議論から容易にわかります．比較バンディットの問題はパラメータ

空間 $\{\mu_{ij}\}$ によって規定され，これらによって（現在考えている定義のもとでの）勝者 i^* が定まります．ここで $\{\mu_{ij}\}$ が既知である場合には，プレイヤーの最適な選択はペア (i^*, i^*) となります．一方，トンプソン抽出は「真のパラメータ」を事後分布からランダム抽出し，そのサンプルが真のパラメータであった場合に最適となる行動をとるものでした．そのため，トンプソン抽出のもとでは常に単一アーム同士の比較のみが行われます．したがって，どれだけ時間が進行してもまったく意味のある情報が得られないため，i^* を正しく推定することができず線形オーダーのリグレットが生じてしまいます．

9.2.2.1 ボルダ勝者のための方策

比較バンディットにおいてはトンプソン抽出の単純な適用は意味をなさないのに対し，ボルダ勝者を考えた場合には通常のバンディット問題での手法を比較的容易に転用することができます．ボルダ勝者とは

$$\bar{\mu}_{i\cdot} = \frac{1}{K-1} \sum_{j \neq i}^{K} \mu_{ij} \tag{9.4}$$

が最大になるアームでしたが，これはアーム i の比較対象 $j \neq i$ をランダムに選ぶことで容易に推定することができます．このことから，通常のバンディット問題の方策において「アーム i を引く」という部分を「アーム i をランダムに選んだ $j \neq i$ と比較する」と置き換えたものを適用することで，弱リグレット (9.3) を $\mathrm{O}(K \log T)$ で抑えられることが示されます．

一方，損失の規準として式 (9.2) あるいは

$$l(t) = \left(\bar{\mu}_{i^*\cdot} - \bar{\mu}_{i_1(t)\cdot}\right) + \left(\bar{\mu}_{i^*\cdot} - \bar{\mu}_{i_2(t)\cdot}\right) \tag{9.5}$$

といったものを用いる場合，各時刻での損失を最終的に 0 とするにはアーム i^* を自分自身と比較することが必要であり，上記の方策では $\mathrm{o}(T)$ のリグレットを達成できません．しかし，こちらの場合も一定の基準のもとで推定されたボルダ勝者 $\hat{i}^*$ 同士の比較を行うよう方策を変更することで容易に $\mathrm{O}(K \log T)$ のリグレットが達成可能であることを示すことができ，また次節で述べる部分観測問題のための方策を用いることもできます．

9.2.2.2 コンドルセ勝者のための方策

ボルダ勝者の規準のもとでは，小さいリグレットを達成する方策が比較的容易に構成できますが，これはボルダ勝者の規準のもとでの各アームの「よさ」が，単純に期待値の和 (9.4) により数値化できることに起因しています．一方，コンドルセ勝者（あるいはコープランド勝者）は，μ_{ij} がそれぞれ $1/2$ より大きいかという関係に依存しており，相対比較による優劣を考える比較バンディット特有の難しさが現れます．

比較バンディットのようにパラメータ空間が比較的複雑な場合に自然に適用できるのが，MED 方策と同じく経験ダイバージェンスを用いる方式です．時刻 t までのアーム i とアーム j の比較回数を

$$n_{ij} = n_{ji} = \sum_{s=1}^{t} \mathbb{1}[(i_1(s), i_2(s)) = (i,j) \text{ or } (j,i)]$$

とします．また，アーム i のアーム j に対する勝率 μ_{ij} の推定値を

$$\hat{\mu}_{ij} = \begin{cases} (\text{アーム } i \text{ のアーム } j \text{ への勝利数})/n_{ij}, & i \neq j \\ 1/2, & i = j \end{cases}$$

とします．このとき大偏差原理によると

$$\mathbb{P}\,[\text{比較 } n_{ij} \text{ 回での経験勝率が } \hat{\mu}_{ij}] \approx \mathrm{e}^{-n_{ij} d(\hat{\mu}_{ij}, \mu_{ij})}$$

が成り立ちます．一方，コンドルセ勝者 i^* は $\mu_{i^*j} \geq 1/2$ を満たし，$p \leq 1/2$ を固定したとき $d(p,q)$ は $q \geq 1/2$ について単調増加であることを用いると，

$$\begin{aligned} \mathbb{P}\,[\text{比較 } n_{ij} \text{ 回での経験勝率が } \hat{\mu}_{ij} | i = i^*] &\lesssim \max_{\mu_{ij} \geq 1/2} \mathrm{e}^{-n_{ij} d(\hat{\mu}_{ij}, \mu_{ij})} \\ &= \begin{cases} \mathrm{e}^{-n_{ij} d(\hat{\mu}_{ij}, 1/2)}, & \hat{\mu}_{ij} < 1/2 \\ 1, & \hat{\mu}_{ij} \geq 1/2 \end{cases} \end{aligned}$$

が得られます．したがって，経験勝率 $\{\hat{\mu}_{ij}\}$ を与えたもとで，アーム i がコンドルセ勝者 i^* であるという仮説の最大尤度は

$$\prod_{j \neq i : \hat{\mu}_{ij} < 1/2} \mathrm{e}^{-n_{ij} d(\hat{\mu}_{ij} \| 1/2)}$$

で近似でき，その負の対数値を

$$L_i = \sum_{j \neq i : \hat{\mu}_{ij} < 1/2} n_{ij} d(\hat{\mu}_{ij} \| 1/2)$$

で表します．このとき，L_i を最小にするアーム $\hat{i}^* = \mathrm{argmin}_i L_i$ は最もコンドルセ勝者である尤度が高いアームとみなすことができ，また $\hat{i}^*$ 以外のアーム i は e^{-L_i} 程度の尤度でコンドルセ勝者であることが見込まれます．ところで，通常のバンディット問題のための方策のうち，3.4.2 節で説明した DMED 方策は「最良である尤度が $1/t$ 以上のアームについては念のために探索を行う」という方策でした．そこで DMED 方策の自然な拡張として，$\mathrm{e}^{-L_i} \geq 1/t \Leftrightarrow L_i \leq \log t$ であるアーム i を推定コンドルセ勝者 $\hat{i}^*$ と比較するという方策が考えられます．このアイディアを定式化したのが**アルゴリズム 9.1** で与えられる **RMED 方策** (Relative Minimum Empirical Divergence policy) で，この方策を用いたとき次の定理が成り立ちます．

アルゴリズム 9.1 RMED 方策

1: すべてのペア (i,j), $i<j$, を 1 回ずつ比較．
2: $L_C \leftarrow \{(i,j) : i<j\}$, $L_N \leftarrow \emptyset$, $t \leftarrow K(K-1)/2+1$.
3: **while** $t \leq T$ **do**
4: 　**for** $(i_1, i_2) \in L_C$ **do**
5: 　　ペア (i_1, i_2) を比較．$t \leftarrow t+1$.
6: 　　$\hat{i}^* \leftarrow \mathrm{argmin}_i L_i$.
7: 　　**if** $L_j \leq \log t$ かつ $(\hat{i}^*, j) \notin L_N$ を満たす j が存在 **then**
8: 　　　そのようなすべての j について $L_N \leftarrow L_N \cup \{(\hat{i}^*, j)\}$.
9: 　　**end if**
10: 　**end for**
11: 　$L_C \leftarrow L_N, L_N \leftarrow \emptyset$.
12: **end while**

定理 9.1 (RMED 方策のリグレット上界 [45])

コンドルセ勝者が存在するとき，RMED 方策は式 (9.2) により定義されるリグレットについて次を満たす．

$$\mathbb{E}[\mathrm{regret}(T)] \leq \sum_{i \neq i^*} \frac{\mu_{ij} - 1/2}{d(\mu_{ij}, 1/2)} \log T + \mathrm{o}(\log T)\,.$$

この方策におけるリグレット上界の係数部 $\sum_{i \neq i^*} \frac{\mu_{ij}-1/2}{d(\mu_{ij},1/2)}$ は最適とはならない場合もありますが，このRMED 方策に若干の改良を加えることで，$\log T$ の係数部まで常に最適となる方策を構成することができます [45]．

9.3 部分観測問題

多腕バンディット問題を含む多くの逐次選択に関する問題をモデル化することができるのが**部分観測問題** (partial monitoring problem) です．部分観測問題では，プレイヤーが行動 $i \in \mathcal{I} = \{1, 2, \ldots, K\}$ を，敵対者が内部状態 $j \in \mathcal{J} = \{1, 2, \ldots, M\}$ を各時刻に選択します *1．行動 i，内部状態 j に対してプレイヤーの報酬 $r_{ij} \in \mathbb{R}$ と**信号** (signal) $h_{ij} \in \mathcal{S} = \{1, 2, \ldots, A\}$ がそれぞれ一意に定まり，プレイヤーはそれらのうち報酬 r_{ij} を観測することはできず信号 h_{ij} のみを観測します．ここで，報酬行列 $R = \{r_{ij}\} \in \mathbb{R}^{K \times M}$ と反応行列 $H = \{h_{ij}\} \in \mathcal{S}^{K \times M}$ はそれぞれ既知であるとします．

さて，確率的バンディット問題と同様に確率的部分観測問題では，内部状態 j が確率分布 $p = (p_1, p_2, \ldots, p_M)^\top \in \mathcal{P}_M$ に従って時刻ごとに独立に選ばれるものとします．ここで，$\mathcal{P}_M = \{(p_1, p_2, \ldots, p_M)^\top \in [0,1]^M : \sum_j p_j = 1\}$ は M 次元の確率ベクトルの空間を表します．このとき各行動を選択することによる報酬の期待値ベクトルは $(\mu_1, \mu_2, \ldots, \mu_K)^\top = Rp$ であり，期待値最大の行動は $i^* = \mathrm{argmax}_{i \in \mathcal{I}} R_i p$ と表されます．ここで，R_i は R の第 i 行を表します．プレイヤーの目標は累積の報酬期待値を最大化することとし，

---

*1 状態 j は英語では結果 (outcome) と書きますが，j は行動 i には依存しない量であり，行動 i をとったことの「結果」ではないため，ここでは状態または内部状態とよぶことにします．

これはリグレット

$$\mathrm{regret}(T) = \sum_{t=1}^{T} (R_{i^*} - R_{i(t)})p$$

の最小化と同等になります．

9.3.1 部分観測問題の例

本節ではいくつかの例を通して，非常に多くの問題が部分観測問題として定式化可能であることを説明します．

例 9.2 （動的価格設定）

ある商品があり，それを $i = 1, 2, \ldots, K$ 円のいずれかの価格でオークションに出品する**動的価格設定** (dynamic pricing) の問題を考えます．買い手はその商品に対する評価額 $j = 1, 2, \ldots, K$ を内部状態として保持しており，価格 i が評価額 j 以下であれば，価格 i を売り手に支払って商品を購入し，そうでなければ売買を行いません．また，売買が行われなかった場合は，機会損失あるいは手数料などに対応する損失 $c \geq 0$ 円を売り手は被るとします．いずれの場合でも買い手の評価額 j は売り手には明らかにされません．このとき売上額に対応する報酬行列は

$$R = \begin{pmatrix} 1 & 1 & \cdots & 1 \\ -c & 2 & \cdots & 2 \\ \vdots & \ddots & \ddots & \vdots \\ -c & \cdots & -c & K \end{pmatrix} \tag{9.6}$$

と表され，また信号 1 を「売買成立」，2 を「売買不成立」と対応付けることにより反応行列は

$$H = \begin{pmatrix} 1 & 1 & \cdots & 1 \\ 2 & 1 & \cdots & 1 \\ \vdots & \ddots & \ddots & \vdots \\ 2 & \cdots & 2 & 1 \end{pmatrix} \tag{9.7}$$

と表されます．この問題では K 通りの行動の候補がある一方で，価格 i に

関して売買成立率が単調非増加となります．このような関係を明示的に用いることで，この問題を単純な多腕バンディット問題として扱う場合に比べて大きな累積報酬を達成することが可能となります．

補足 9.2 報酬行列のいずれかの列に対して，そのすべての成分に同じ数を加えてもリグレットは変化しません．そこで第 i 列の各成分から i を引くことにより，式 (9.6) の報酬行列は損失行列（負の報酬行列）

$$L := -R = \begin{pmatrix} 0 & 1 & \cdots & K-1 \\ c+1 & 0 & \cdots & K-2 \\ \vdots & \ddots & \ddots & \vdots \\ c+1 & \cdots & c+K-1 & 0 \end{pmatrix}$$

を考えることと等価になります．この定式化 [42] では $i > j$ に対して $(-R)_{ij} = c + j$ となっていますが，一方で動的価格決定の研究では，慣例上 $(-R)_{ij} = c$ とするものも多くあります [9]．これらは次節で述べるように本質的に異なる設定となっています．

例 9.3 （効率的ラベル予測）

メールのスパム判定や画像分類など，与えられたアイテムに対して（例えば 2 通りの）ラベル付けを行う作業があり，作業者の行動の選択肢として「アイテムをタイプ 1 に分類」「タイプ 2 に分類」「専門家に正しいラベルを尋ねる」の 3 つがある設定を考えます．ここで作業者が自力で分類を行った場合は真のラベルに関する情報は一切得られず，また真のラベルが j であるアイテムに $j' \neq j$ と間違ったラベル付けをした場合，作業者は損失 $c_{jj'} \in (0, 1]$ を（知らずのうちに）被ります．また，専門家に正しいラベルを尋ねた場合は，そのラベルによらず手間として，作業者は一定の損失 $q \geq 1$ を被るとします．このような問題は**効率的ラベル予測** (label-efficient prediction) とよばれ，部分観測問題として定式化したときの報酬行列と反応行列は

$$R = \begin{pmatrix} 0 & -c_{21} \\ -c_{12} & 0 \\ -q & -q \end{pmatrix}, \qquad H = \begin{pmatrix} 3 & 3 \\ 3 & 3 \\ 1 & 2 \end{pmatrix} \tag{9.8}$$

と表されます [*2].

例 9.4 (多腕バンディット問題)

ベルヌーイ分布モデルなど報酬が離散的な場合の多腕バンディット問題は，部分観測問題としても定式化することができます．例えばスロットマシンの各アームからの報酬がベルヌーイ分布に従う場合，K 個のアームからの報酬の組み合わせは 2^K 通りあります．そこで部分観測問題としての定式化では，状態 $j \in \mathcal{J} = \{1, 2, \ldots, 2^K\}$ がアームからの報酬の組み合わせに対応しているとみなします．具体的には，例えば $j-1$ の 2 進表現の i 桁目が r であるとき，アーム i からの報酬が r であると対応付けると，アーム数 $K=3$ の場合の報酬行列・反応行列は

$$R = \begin{pmatrix} 0 & 0 & 0 & 0 & 1 & 1 & 1 & 1 \\ 0 & 0 & 1 & 1 & 0 & 0 & 1 & 1 \\ 0 & 1 & 0 & 1 & 0 & 1 & 0 & 1 \end{pmatrix}, \qquad H = R + 1$$

と表されます．ここで $R+1$ は R の各成分に 1 を足したものです [*3]．このように，内部状態 j をとる確率 p_j は各アームからの報酬の組の同時確率に対応しており，これは各アームの報酬が独立でなく相関がある可能性を暗黙に認めることを意味しています．一方で，プレイヤーが各時刻に引けるのは 1 個のアームのみであり，どんなに観測を行ったとしても各 p_j を一意に定めることは不可能です．しかし，この問題で興味があるのは同時確率分布 $p = (p_1, p_2, \ldots, p_{2^K})$ ではなく，そこから定まる各アームの報

*2 プレイヤーは自身のとった行動 $i(t)$ を知っているので，この反応行列は

$$H = \begin{pmatrix} 1 & 1 \\ 1 & 1 \\ 1 & 2 \end{pmatrix}$$

と等価になります．

*3 この加算は単に反応行列が $\{1, 2, \ldots, |\mathcal{S}|\}^{|\mathcal{I}| \times |\mathcal{J}|}$ 上のものと定義されていたためのもので，本質的な意味はありません．

酬期待値 $R_i p$ のみです．この点に注目することで，部分観測問題として定式化した多腕バンディット問題が通常の定式化と等価となることが示されます．

例 9.5　（線形効用における比較バンディット）

前節で紹介した比較バンディットの別の定式化として効用関数に基づくものがあります．比較バンディットにおける映画あるいは検索アルゴリズムといった比較対象の候補数を K' とします．ここで効用関数による枠組みでは，全ユーザーには $|\mathcal{J}| = K'!$ 通りの選好タイプがあると考え，タイプ j のユーザーは K' 個の候補に対するランキング $r_j(\cdot) \in \{1, 2, \ldots, K'\}$ を保持しているとします．これは，タイプ j のユーザーが，候補 i を $r_j(i)$ 番目に好みであることを表します．また，ランキングに同順位は存在せず，$(r_j(1), r_j(2), \ldots, r_j(K'))$ は $\{1, 2, \ldots, K'\}$ の置換として表されるとします．各ユーザーはこのランキングに基づき，ペア (i_1, i_2) を提示された際に，$r_j(i_1) < r_j(i_2)$ ならば i_1 が好みであるという評価を，$r_j(i_1) > r_j(i_2)$ ならば i_2 が好みであるという評価をします．また，r 番目に好みである候補を提示された場合に，線形効用 $u(r) = K' - r \in \{0, 1, \ldots, K'-1\}$ を受け取るものとして，ペア (i_1, i_2) を提示したときのプレイヤーの報酬を，各候補の効用の和 $2K' - r_j(i_1) - r_j(i_2)$ により定義します．

例えば映画あるいは検索アルゴリズムの候補としてA・B・Cの3種類がある場合を考えると[*4]，その選好タイプには $3! = 6$ 通りが考えられます．例えば候補Aが最も好みで候補Cが最も好みでないユーザーを考えたとき，このユーザーにペア(A,B)を提示した場合の報酬は $2+1=3$ となり，ペア(C,C)を提示した場合の報酬は $0+0=0$ となります．ここで，それぞれの選好タイプ j をもつユーザーの割合 p_j が**表 9.1** で与えられているとします．ただし $x \succ y$ は x が y より好みであることを表すとします．

*4　比較バンディットの節では，各候補は数字 $i \in \{1, 2, \ldots, K'\}$ で表記しましたが，ここでは選好タイプ j と区別しやすいようアルファベットで表記します．

表 **9.1** 選好タイプとその割合の例.

タイプ 1: A≻B≻C	タイプ 2: A≻C≻B	タイプ 3: B≻A≻C
0.2	0.15	0.1

タイプ 4: B≻C≻A	タイプ 5: C≻A≻B	タイプ 6: C≻B≻A
0.25	0.25	0.05

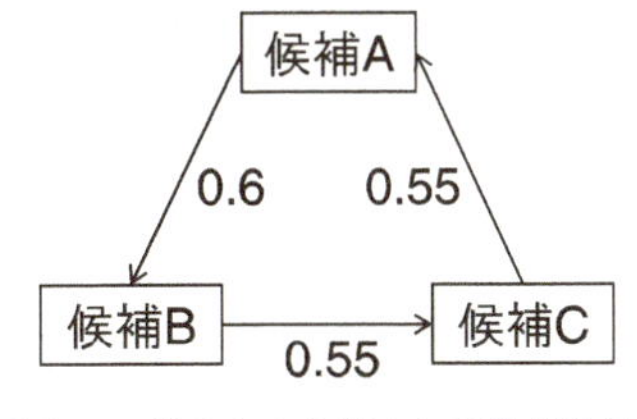

図 9.2 表 9.1 から導かれる勝率関係.

表 9.1 の設定のもとで A・B・C の効用の期待値はそれぞれ

$$\mathbb{E}_{j\sim p}[u(r_j(\mathrm{A}))] = 1.05,\ \mathbb{E}_{j\sim p}[u(r_j(\mathrm{B}))] = 0.95,\ \mathbb{E}_{j\sim p}[u(r_j(\mathrm{C}))] = 1 \tag{9.9}$$

で A が最大となり，報酬期待値が最大のペアは (A,A) となります.

また，このとき各候補間の勝率 $\mu_{i_1,i_2} = \mathbb{P}[i_1$ が i_2 に勝つ$]$ は図 **9.2** で与えられ，このことから候補間の比較を十分行うことにより

$$\begin{aligned}\mu_{\mathrm{A,B}} &= p_1 + p_2 + p_5 = 0.6,\\ \mu_{\mathrm{B,C}} &= p_1 + p_3 + p_4 = 0.55,\\ \mu_{\mathrm{C,A}} &= p_4 + p_5 + p_6 = 0.55\end{aligned} \tag{9.10}$$

を任意の精度で推定することができます．一方，p は 6 次元のベクトルであるため，式 (9.10) の関係および確率ベクトルの条件 $\sum_j p_j = 1$ を用いても，p を一意に定めることはできません．このため，一般の効用関数のもとでは，いくら多くの比較を行ったとしても効用期待値が最大の候補を一意に特定することは不可能ですが，線形効用 $u(r) = K' - r$ を用いた場合には効用期待値が

$$\mathbb{E}_{j\sim p}[u(r_j(i))] = \sum_{i'\neq i} \mu_{i,i'} \tag{9.11}$$

と推定可能な量 $\{\mu_{ij}\}$ によって表されることが容易に確認できます．実際，表 9.1 の設定のもとで，式 (9.11) 右辺の値は式 (9.9) と一致していることがわかります．ここで式 (9.11) を最大にする候補とはボルダ勝者にほかなりません．したがってボルダ勝者の規準のもとで損失 (9.5) を最小化する比較バンディットは，線形効用の期待値最大化と等価となります．

9.3.2 分類と理論限界

部分観測問題においては最悪時に関する解析が多く行われており，報酬行列 R と反応行列 H の構造により，達成可能なリグレット [*5] が以下のように異なることが知られています．

これらの分類のために，まず**パレート最適性** (Pareto-optimality) について定義します．ある行動 i が（強）パレート最適であるとは，行動 i が唯一の最適行動となる，すなわち $R_i p > \max_{i' \neq i} R_{i'} p$ となるような内部状態の分布 $p \in \mathcal{P}_M$ が存在することをいいます．前節で紹介した例では，例 9.3 で正しいラベルを専門家に尋ねる行動や例 9.5 で相異なる候補 $i \neq j$ からなるペアを提示する行動はパレート最適ではなく，それ以外の行動はパレート最適です．

次に，反応行列から定まる信号行列 $S_i \in \{0,1\}^{|\mathcal{S}| \times |\mathcal{J}|}$ を定義します．信号行列 S_i とは，行動 i のもとで観測する信号 $h \in \mathcal{S} = \{a_1, a_2, \ldots, a_A\}$ の確率分布が $S_i p$ となるような行列であり，具体的には $(S_i)_{kj} = \mathbb{1}[H_{ij} = a_k]$ と定義されます．例えば，例 9.2 の反応行列 (9.7) のもとで信号行列は

$$S_i = \begin{pmatrix} \overbrace{0 \cdots 0}^{i-1} & 1 \cdots 1 \\ 1 \cdots 1 & \underbrace{0 \cdots 0}_{|\mathcal{J}|-i+1} \end{pmatrix}$$

となり，例 9.3 の反応行列 (9.8) のもとで

$$S_1 = \begin{pmatrix} 0 & 0 \\ 0 & 0 \\ 1 & 1 \end{pmatrix}, S_2 = \begin{pmatrix} 0 & 0 \\ 0 & 0 \\ 1 & 1 \end{pmatrix}, S_3 = \begin{pmatrix} 1 & 0 \\ 0 & 1 \\ 0 & 0 \end{pmatrix}$$

*5 最悪時リグレットについては 4 章および 5 章を参照してください．

となります．

以上の定義のもとで，部分観測問題は**自明な問題** (trivial problem)，**簡単な問題** (easy problem)，**困難な問題** (hard problem)，**絶望的な問題** (hopeless problem) の 4 種類に分類され，それぞれ達成可能な最悪時リグレットが異なります [9].

まず，パレート最適な行動が 1 つしかないとき，その問題は自明であるといいます．自明な問題では唯一のパレート最適な行動 i を選び続けることで，リグレット 0 を達成することができます．

また，任意のパレート最適な行動のペア $(i_1, i_2) \in \mathcal{I}$ に対して

$$\mathrm{rank}\begin{pmatrix} S_{i_1} \\ S_{i_2} \\ R_{i_1} - R_{i_2} \end{pmatrix} = \mathrm{rank}\begin{pmatrix} S_{i_1} \\ S_{i_2} \end{pmatrix} \tag{9.12}$$

のとき，この問題は**局所観測可能** (locally observable) であるといいます．行動 i_1 と i_2 の報酬期待値の差は $(R_{i_1} - R_{i_2})p$ であり，一方で行動 i_1 と i_2 を十分な回数行うことにより，アーム i_1 および i_2 からの信号の分布のペア $\begin{pmatrix} S_{i_1} \\ S_{i_2} \end{pmatrix} p$ が任意の精度で推測できるため，式 (9.12) の条件のもとでは行動 i_1 と i_2 のみの選択からこれらの期待値の優劣関係を判断できます．自明でなく局所観測可能な問題を簡単な問題といい [*6]，$\tilde{\mathrm{O}}(T^{1/2})$ の最悪時リグレットが達成可能かつそれ以上は改善不可能であることが知られています．

さらに，任意のパレート最適な行動のペア $(i_1, i_2) \in \mathcal{I}$ に対して

$$\mathrm{rank}\begin{pmatrix} S_1 \\ \vdots \\ S_{|\mathcal{I}|} \\ R_{i_1} - R_{i_2} \end{pmatrix} = \mathrm{rank}\begin{pmatrix} S_1 \\ \vdots \\ S_{|\mathcal{I}|} \end{pmatrix}$$

が成り立つとき，その問題は**大域的観測可能** (globally observable) であるといいます．このような問題では，すべての行動を十分な回数行えば，行動 i_1 と i_2 の期待値の優劣関係を判断することができます．局所観測可能でなく

---

*6 厳密には簡単な問題はこれよりごくわずかに広いクラスを指しますが，議論を簡単にするためにここでは説明を省略します．

大域的観測可能な問題を困難な問題といい，このような問題では行動 i_1 と i_2 の優劣を判断するためにそれ以外の行動をとることが必要となります．そのため，簡単な問題に比べて達成可能なリグレットが悪化し，具体的には最悪時リグレット $\mathrm{O}(T^{2/3})$ が達成可能かつ，それ以上は改善不可能であることが知られています．

最後に，自明でも大域的観測可能でもない問題は絶望的であるといい，このような問題ではどのような方策をとったとしても，p によってはリグレットが $\Omega(T)$ となることが容易にわかります．

上に述べた例では，例 9.2 の動的価格設定，例 9.4 の多腕バンディット問題は簡単な問題であり，例 9.3 の効率的ラベル予測，例 9.5 の比較バンディット問題および動的価格設定のうち補足 9.2 で述べた定式化は困難な問題となります．また比較バンディット問題で線形効用 $u(r) = K' - r$ 以外の効用関数を用いた場合，一般には絶望的な問題となります．

なお，これまで上記の分類は節冒頭で述べたように，p についての最悪値をとったときのリグレットに関するものです．一方で p を定数とみなす問題依存リグレットに関しては，一貫性をもつ，すなわち任意の $p \in \mathcal{P}_M$ および $a > 0$ で $\mathbb{E}[\mathrm{regret}(T)] = \mathrm{o}(T^a)$ となる任意の方策のもとで

$$\mathbb{E}[\mathrm{regret}(T)] \geq C(p) \log T + \mathrm{o}(\log T)$$

となり，かつ DMED 方策の応用である PM-DMED 方策によりこの下界を達成可能であることが示されています [47]．この $C(p) \geq 0$ は，その問題が大域的観測可能ならば有限値をとる係数です．

9.3.3 部分観測問題の方策

部分観測問題はまだ研究途上の分野であり，高い理論的･経験的性能と計算の容易性を両立するアルゴリズムについては知られていません．その要因の1つとして，トンプソン抽出の応用が難しいことがあげられます．まず $S_{i,k}$ を行列 S_i の第 k 行とします．ここで未知パラメータ $p \in \mathcal{P}_M$ の事前分布が $\pi(p)$ であるとき，各時刻 s でそれぞれ行動 $i(s)$ を選択し信号 $h(s) = h_{i(s),j}$ を観測したときの時刻 t における p の事後分布は

$$\pi(p|\{i(s),\,h(s)\}_{s=1}^t) \propto \pi(p)\prod_{s=1}^t (S_{i(s),h(s)})p$$

で与えられますが，これは p に関する指数型分布族とはなっていないため単純な形で表すことができません．

そこで，このモデルに対してトンプソン抽出を適用するために，内部状態 j や信号 h を擬似的に正規分布に従うと仮定する手法が提案されています．以下では表記を簡単にするため各 S_i が行フルランクである，すなわち $\mathrm{rank}(S_i) = |\mathcal{J}| = M$ である場合を考えます．このとき $S_i^\top S_i$ は逆行列をもちます．行フルランクでない場合は S_i の退化した行を適宜削除することで同様の動作が可能です．

各時刻における内部状態 j をベクトル $z_j = (\underbrace{0\cdots0}_{j-1}1\underbrace{0\cdots0}_{M-j})$ により表現します．このとき z_j の期待値ベクトルは $\mathbb{E}[z_j] = p$ となります．同様にして，各時刻における信号 $h \in \{1,2,\ldots,A\}$ をベクトル $w_h = (\underbrace{0\cdots0}_{h-1}1\underbrace{0\cdots0}_{A-h})$ により表すと，$w_{h_{ij}} = S_i z_j$ が成り立ちます．そこで，本来は離散値をとる z_j を多変量正規分布 $\mathcal{N}(p, I_M)$ に従うと仮定します．このとき行動 i のもとでの観測 $w_h = S_i z_j$ の分布は，多変量正規分布 $\mathcal{N}(S_i p,\, S_i^\top S_i)$ で与えられます．したがって，p の事前分布を $\pi(p) = \mathcal{N}(0_M,\, \sigma_0^2 I_M)$ としたときの事後分布は

$$\begin{aligned}
&\pi(p|\{i(s),\,h(s)\}_{s=1}^t)\\
&\propto \pi(p)\prod_{s=1}^t \mathbb{P}_{w\sim\mathcal{N}(S_{i(s)}p,\,S_{i(s)}^\top S_{i(s)})}[w = w(s)]\\
&\propto \exp\left(-\frac{1}{2}\left(\frac{p^\top p}{\sigma_0^2} + \sum_{s=1}^t (w_{h(s)} - S_{i(s)}p)^\top (S_{i(s)}^\top S_{i(s)})^{-1}(w_{h(s)} - S_{i(s)}p)\right)\right)\\
&\propto \exp\left(-\frac{1}{2}\left(p^\top A_t p - 2b_t^\top p\right)\right)\\
&\propto \exp\left(-\frac{1}{2}(p - A_t^{-1}b_t)^\top A_t (p - A_t^{-1}b_t)\right)
\end{aligned}$$

で与えられます．ただし

$$A_t = \frac{I_M}{\sigma_0^2} + \sum_{s=1}^{t} S_{i(s)}^\top (S_{i(s)}^\top S_{i(s)})^{-1} S_{i(s)},$$
$$b_t = \sum_{s=1}^{t} S_{i(s)}^\top (S_{i(s)}^\top S_{i(s)})^{-1} w_{h(s)}$$

としました.

以上のことから, $z_j \sim \mathcal{N}(p, I_M)$ という仮定のもと p の事後分布は多変量正規分布 $\mathcal{N}(A_t^{-1}b_t,\ A_t^{-1})$ に従います. したがって, 乱数 $\tilde{p}$ を $\mathcal{N}(A_t^{-1}b_t,\ A_t^{-1})$ から生成し, 報酬期待値 $R_i\tilde{p}$ を最大化する行動

$$i(t) = \operatorname*{argmax}_i R_i\tilde{p} \tag{9.13}$$

を各時刻に選択することで, 擬似的にトンプソン抽出を実行することができます. なお, この方法で生成した $\tilde{p}$ は確率ベクトルの条件 $\tilde{p} \in [0,1]^M$, $\sum_j \tilde{p}_j = 1$ を一般に満たさないため, 式 (9.13) により直接 $i(t)$ を決定するのではなく, $\tilde{p}$ から確率ベクトルへの何らかの射影操作を事前に行うほうが性能がよい場合もあります. なお $\tilde{p}$ の生成には A_t^{-1} の逆行列が必要ですが, これは線形バンディットの場合と同様にウッドベリーの公式 (A.1) により高速に計算できます.

以上の方法に基づく擬似的なトンプソン抽出は **BPM-TS** とよばれ, これに若干の修正を加えた方策である BPM-LEAST は簡単な問題に対して最悪時でも $\mathrm{O}(\sqrt{KT\log(MT)})$ のリグレットを達成することが示されています [66]. 一方で困難な問題に対しては, 比較バンディットにおいて 9.2.2 節と同様にトンプソン抽出は必ずしもよい性能とはなりません. 例えば例 9.3 の効率的ラベル予測の設定では, 「正しいラベルを専門家に尋ねる」という行動はパレート最適でない, すなわち p の値によらず期待値最大の行動とはならないため, トンプソン抽出のもとでこの行動が選ばれることはありません. したがって, いくら時刻が進行しても正しい p についての情報が一切得られず, 線形オーダーのリグレットが生じることになります. 困難な問題に対しては, PM-DMED 方策により $\mathrm{O}(\log T)$ の問題依存リグレットが達成可能であるほか, FeedExp3 方策 [17] により $\mathrm{O}(T^{2/3})$ の最悪時リグレットを達成可能であることが知られています.

9.4 その他の拡張

線形バンディットの多くの問題は，7.1 節の通信ネットワークの経路最適化や例 7.1 のカテゴリ変数によるウェブサイト最適化のように，行動の候補が $a \in \mathcal{A} \subset \{0,1\}^d$ といった組み合わせ的な量で表されます．このようにプレイヤーが選択できる行動が組み合わせ的な量として表される設定は**組み合わせバンディット** (combinatorial bandit) と総称されます．上記のように各構成要素に対応する報酬 θ_j の和 $\theta^\top a = \sum_{j=1}^{d} \theta_j a_j$ が（雑音付きで）観測される設定は，組み合わせバンディットの一例です．

また，例えばネットワーク上の経路最適化では，経路上の遅延の総和でなく経路上の枝それぞれの遅延が個別に観測可能な設定を考えることもでき，この場合は線形バンディットの設定より多くの情報が得られるため，方策についてもより小さいリグレットを達成するものが求められます．このように，選択した構成要素に対応した報酬が個別に観測可能な設定のうち，特に $\mathcal{A} = \{a \in \{0,1\}^K : \sum_{i=1}^{K} a_i = L\}$ である場合，すなわち各時刻に K 個のスロットマシンのうち $L(< K)$ 個のアームを同時に選択してそれぞれに対応する報酬を観測する設定は，**複数選択バンディット** (multiple-play bandit) とよばれます．例えばウェブサイト上に広告枠が L 個あり，K 個ある商品のうちから L 個を選んで提示するという設定は，クリック数の総和だけでなくどの広告がクリックされたかも観測可能な場合には，複数選択バンディットとみなすことができます．このように，選択した行動の報酬だけでなくそれ以外の情報も部分的に観測されるという設定は，すべての行動についての情報が観測可能である全情報（＝オンライン学習）の設定と，選択した行動についての情報のみが観測される（純粋な）バンディット問題の設定との中間という意味で**半バンディット** (semi-bandit) ともよばれます．報酬が離散的な場合には，これらの問題のほとんどは部分観測問題として定式化することができます．これらの設定では ComBand 方策 [16] といった組み合わせバンディット特有の方策が提案されているほか，多くの場合にトンプソン抽出が有効であることが，理論的および実験的に示されています [32,46]．

また，通常の多腕バンディット問題では全体のアーム選択の回数を固定して報酬の最大化を目指しましたが，より一般的な設定として各アーム i に選択コスト c_i が割り当てられており，累計のコストが予算 B を超えないようにアームを選択するという設定があります．これは**予算制約付きバンディット** (budget-limited bandit, budgeted bandit) とよばれ，こちらの問題では各アームの期待値 μ_i そのものでなく「コストパフォーマンス」μ_i/c_i を最大化するアームを発見することが報酬の最大化に必要となります．また，より一般的な設定としては，例えば時間 $B^{(1)}$ と延べ人員 $B^{(2)}$ の両方について各製品の生産コスト $c_i^{(1)}, c_i^{(2)}$ が存在し，両方の制約を満たす範囲で売上が最大になるように製品の生産比を決定するといった組み合わせ的な設定も考えることができます．このような問題については UCB 方策の自然な拡張が可能であり [51]，さらに一般的には，コストそのものも未知の確率分布に従う設定を考えることもできますが，こちらは若干議論が複雑になります [25]．

Chapter 10

バンディット手法の応用

本章ではゲーム木探索，インターネット広告配信，推薦システムの3つの分野にて，どのような問題がバンディット問題として扱うことができるのかを説明し，そこで使われている手法について紹介します．

10.1 モンテカルロ木探索

将棋や囲碁などのゲームをプレイするAIプログラムでは，できるだけよい次の一手を見つけるために大規模な探索を行います．将棋や囲碁はゲーム理論において，**二人零和完全情報ゲーム** (two-player zero-sum perfect-information game) という分類に属しますが，二人零和完全情報ゲームは，現在の局面を節点で表し，そこから一手で遷移可能な局面を子節点として枝で結び，その各々の局面からさらに一手で推移可能な局面を子節点として枝で結ぶという操作を繰り返し行うことにより作られる木 (**ゲーム木**, game tree) として表すことが可能です．木の葉に相当するゲームの最終局面では勝ち負けがはっきりするため，それに基づいて現在の手番のプレイヤーからみた局面のよさを評価値として与えることができます．ゲーム木の内部節点 v に対応する局面に対しても，その局面から相手も自分も最善手をとった場合に到達する最終局面の評価値を v の評価値とすることにより，すべての節点に評価値をつけることが可能です．子節点の評価値がすべてわかっている節点の評価値の計算は，相手の手番に対応する節点では子節点の評価値の最

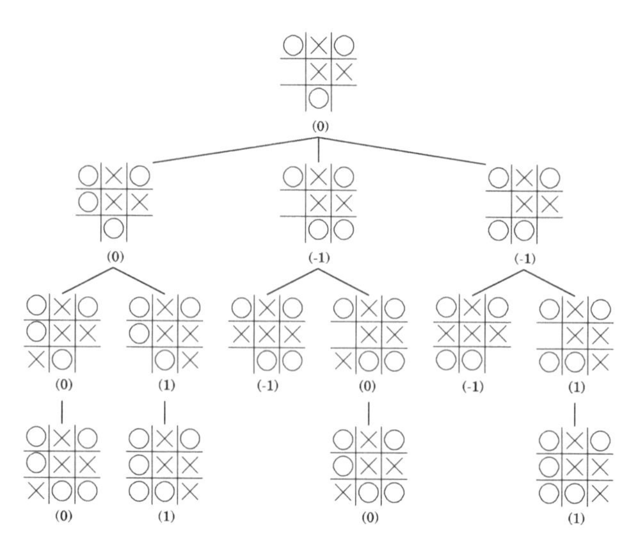

図 10.1　三目並べのゲーム木．括弧内の数字は先手 (○) の勝ち，引き分け，負けの評価値をそれぞれ 1，0，-1 とした場合ミニマックス探索による評価値．

小値，自分の手番に対応する節点では子節点の評価値の最大値を求めることで行うことができます．現在の局面を表すゲーム木の根節点から枝で結ばれた子節点の中で，評価値が最大の節点への推移に対応する手が最善手です．このようにゲーム木のすべての節点の評価値を計算することにより，最善手を探す探索を**ミニマックス探索** (minimax search) とよびます．

図 10.1 に三目並べのある局面のゲーム木を示します．一番上の節点が現在の局面で，次は先手 (○) の番です．一番上の節点と枝で結ばれた 3 つ節点に推移可能であり，次の手としてそれらに対応する 3 手が存在します．勝ち，引き分け，負けの評価値をそれぞれ 1，0，-1 としてミニマックス探索を行い，各節点の評価値を計算すると，図の各局面の下の括弧内に示された値になります．先手としては，一番上の節点と結ばれた 3 つの節点の中で左端の節点の評価値が最も高いので，左中央に○を置くのが最善手であるということになります．

ミニマックス探索はすべての節点の評価値を計算する全探索を行いますが，**アルファベータ法** (alpha-beta pruning) などを用いて，不必要な部分を枝刈りすることにより，ある程度効率的に最善手を求めることが可能な場合もあります．しかしそのような工夫をしたとしても，将棋や囲碁などのようにゲーム木が巨大になってしまう場合は，最善手を現実的な時間で計算することは不可能です．そこで，ゲーム木を最終局面まで展開せず，何手か先で打ち切ったところまで展開し，展開を途中で打ち切った木の葉に対応する局面にゲームの知識を用いてヒューリスティクスにより評価値をつける方法がよく用いられます．しかし，囲碁のように最終局面にかなり近くならないと適切な評価値をつけることが難しいゲームではうまくいきません．このように非常に難しい囲碁の局面評価に，ブルークマンは**モンテカルロ法** (Monte Carlo method) を用いる方法を考案しました [11]．これは，評価したい局面から最終局面まで乱数を使ってランダムにプレイさせる**プレイアウト** (playout) を行って，到達可能な最終局面の評価値をランダム抽出し，それにより得られた標本の平均をその局面の評価値とする方法です．展開を途中で打ち切ったゲーム木の探索において葉節点の評価に，このモンテカルロ法を用いる探索を**モンテカルロ木探索** (Monte Carlo tree search) とよびます．クーロンが開発した囲碁プレイヤープログラム CrazyStone[20] は，モンテカルロ木探索の技術を取り入れたことにより，棋力が著しく向上したことで注目を浴びました．

一般的なモンテカルロ木探索は，現在の局面 s_0 を表す根節点 v_0 のみからなる木 T を作成した後，以下の 4 つの処理を繰り返します．

1. 木 T の葉節点 v_t の選択．
2. 木 T の拡張（葉節点 v_t に子節点 v' を追加し，それを新たな v_t とする）．
3. プレイアウトによる，葉節点 v_t から到達可能な最終局面の評価値のランダム抽出．
4. ランダム抽出された評価値の葉節点 v_t から根節点 v_0 への逆伝搬．

繰り返しを終えた後，最終的には木 T の根節点 v_0 の 1 つの子節点 v^j を，選ばれた回数や評価値の大きさなどの規準を用いて選択します．根節点 v_0 か

ら選ばれた節点 v^j への枝に対応する手が推定された最善手です．

モンテカルロ木探索は，上の 4 つの処理にどのような方策を用いるかにより，多くのバリエーションが考えられます．現在の手番のプレイヤーにとって有望な局面に対応する節点の評価値を，その局面から互いに最善手をとった場合における最終局面の評価値に近づけるために，「木 T の葉節点 v_t の選択」処理において有望な局面に対応する葉節点をより多く選択し，「木 T の拡張」処理で有望な局面に対応する葉節点がより多く展開される必要があります．有望な局面に対応する節点とは，ミニマックス探索の意味で最も評価値が高い可能性がある節点ですが，プレイアウトによりランダム抽出される最終局面の評価値しか得られないため，それらの平均で計算される推定値が高い節点以外にも，選択数が少ないために推定値の信頼度が低い節点も優先的に選ばれるべきです．これは，「木 T の葉節点 v_t の選択」および「木 T の拡張」で拡張する葉節点の選択には，バンディット手法が有効であることを意味します．

コックシスとサパシュバリは，2006 年にモンテカルロ木探索の「木 T の葉節点 v_t の選択」に UCB 方策を用いる **UCT アルゴリズム** (Upper Confidence bound applied to Trees algorithm) を提案しました [44]．UCT アルゴリズムの疑似コードを**アルゴリズム 10.1** に示します．木 T の根節点 v_0 から子節点を選ぶことを繰り返すことにより，1 つの葉節点 v_t に辿り着くことが可能ですが，UCT アルゴリズムでは，各節点で子節点を選ぶ問題を多腕バンディット問題として捉え，UCB 方策を用いて子節点を選択します．v の子節点 v^j の UCB スコアは

$$\overline{X}(v^j) + c\sqrt{\frac{\log n(v)}{n(v^j)}}$$

で定義され，この UCB スコアが最も高い子節点 v^j を選びます．ただし，$\overline{X}(v^j)$ は v^j の子孫の節点に対応する局面からのプレイアウトにより得られた最終局面の評価値の平均であり，$n(v), n(v^j)$ はそれぞれ過去に v, v^j が選ばれた回数とします．また，c は探索（第 2 項）と知識利用（第 1 項）のバランスをとるパラメータで，$c = 1/\sqrt{2}$ に設定すると式 (3.7) の UCB スコアと一致しますが，本当に最適な値は問題ごとに異なるので，実験により調整することも多くあります．次に取りうる手で子節点としてまだ展開されてい

アルゴリズム 10.1 UCT アルゴリズム

パラメータ： s_0: 現在の局面, T:繰り返し回数,
c: 探索と知識利用のバランスパラメータ.
初期化： $t \leftarrow 1$

1: 現在の局面 s_0 を表す根節点 v_0 を作る.
2: **for** $t = 1, 2, \ldots, T$ **do**

(1) $v_t \leftarrow v_0$
(2) **while** v_t が最終局面に対応する節点でない **and**
v_t の子節点になりうる節点がすべて展開されている **do**

$v_t \leftarrow$ v_t の子節点で以下の式の値を最大にする節点 v^j.
$$\overline{X}(v^j) + c\sqrt{(\log n(v_t))/n(v^j)}$$

(3) **if** v_t が最終局面に対応する節点 **then** $s \leftarrow v_t$ に対応する局面
else

[1] v_t の子節点となり得る節点 v' を v_t の子節点として追加.
[2] $v_t \leftarrow v'$
[3] $s \leftarrow v_t$ 対応局面からのプレイアウトによる到達最終局面.

(4) $r_t \leftarrow$ 局面 s の評価値.
(5) 以下を繰り返す.

[1] $\overline{X}(v_t) \leftarrow \begin{cases} (\overline{X}(v_t)n(v_t) + r_t)/(n(v_t)+1), & (v_t \text{ は相手の手番}) \\ (\overline{X}(v_t)n(v_t) - r_t)/(n(v_t)+1), & (v_t \text{ は自分の手番}) \end{cases}$
$n(v_t) \leftarrow n(v_t) + 1$
[2] **if** v_t が親節点をもたない **then** 繰り返しから抜ける.
[3] $v_t \leftarrow v_t$ の親節点.

3: v_0 の子節点 v^j で $\overline{X}(v^j)$ が最大の節点 v^j に対応する手 a を出力.

ないものが存在する節点に辿り着いた場合は，展開されていない手を1つ選び，子節点として追加することにより木を拡張します．根節点からUCB方策を用いて辿り着いた節点が拡張されることにより，有望な手に対応する節点がより深く展開されることになります．

UCTアルゴリズムでは，ゲーム木における子孫の節点の選択が，逆伝搬により加えられる先祖の節点の評価値に影響するため，各節点の評価値の期待値は常に一定というわけではありません．コックシスとサパシュバリは，UCTアルゴリズムにおいて，各節点でミニマックスの意味で最適ではない節点が選ばれる確率は，繰り返し回数Tを無限大に近づけることにより0に近づくことを理論的に証明しました．

10.2 インターネット広告

最近では，多くの人が自分のブログページをもつようになり，中にはアクセス数が非常に多い人気ブログを書いている人もいます．そのような人気ページの持ち主は，自分のブログページの一部を広告スペースとして広告配信会社（インターネット広告代理店，大手ポータルサイトの運営会社など）に貸すことにより収入を得ることができます．広告配信会社は，ページの閲覧があるごとにその時点で配信可能な広告から1つの広告を選んで，広告スペースに配信します．配信された広告はクリックされると広告配信会社のサイトを経由して広告主のサイトにアクセスできるようになっており，そこでのサービスにより広告主は広告効果を得ることができる仕組みになっています．

広告主は，広告配信会社にお金を払い，広告スペース提供者はそこから仲介料を除いた金額を報酬として受け取る仕組みですが，さまざまな課金・報酬の方式があります．最近ではクリックごとに課金・報酬を行う方式（**PPC広告**, Pay-Per-Click advertising）が増えてきました．PPC広告の場合，仲介業としての広告配信会社は，全体のクリック数が多いほど収入が多くなるため，各々の広告スペースに対して，そこでのクリック率が最も高い広告を配信することにより収益を最大化することができます．

しかし，どの広告が最もクリック率が高いかは広告を出すページの閲覧者層によって異なり，実際にある程度配信してみないとクリック率を精度よく推定することはできません．つまり，探索（現時点までの配信数が少ないためにクリック率の推定精度が低いものを配信する）と知識利用（現時点までのクリック率が最大のものを配信する）をバランスよく行うバンディット問題の方策が有効です．

クリック率が最大のものを推定して配信する方式では，人気広告（どのページに出してもクリック率が高い広告）ばかりが配信されてしまいそうですが，実際には広告主の予算があるため，人気広告であっても予算内の回数までしか配信されません．また，人気広告でなくてもページとの相性があり，相性のよいページに配信するとクリック率が高くなるという広告もあります．そこで，各広告 j のある期間の配信回数 d_j を，それらの合計が各ページ i のアクセス数 p_i の合計と等しくなるように決めて，全体のクリック数が最大になるように配信をスケジューリングする方式が考えられます．ある期間にページ i へ広告 j を配信する回数を $x_{i,j}$，その組み合わせに対するクリック率を $\rho_{i,j}$ とすれば，$\sum_{j=1}^{K} x_{i,j} = p_i$, $\sum_{i=1}^{L} x_{i,j} = d_j$，$x_{i,j} \geq 0$ の制約のもとで全体のクリック数 $\sum_{i=1}^{L} \sum_{j=1}^{K} \rho_{i,j} x_{i,j}$ を最大化する線形計画問題として定式化できます．ただし，L は広告スペース（をもつページ）数とします．

ページ i に広告 j を配信した場合のクリック率 $\rho_{i,j}$ はわからないので，実際に配信しながら推定していくことになります．推定値 $\hat{\rho}_{i,j}$ として，それまでのクリック率をそのまま使うと，はじめのうちのクリック率がたまたま低かった組み合わせ (i, j) に対してまったく配信されなくなってしまうため，ギッティンズ指標などのバンディット手法を用いて，配信回数が少ないために推定精度の低い組み合わせ (i, j) に対する推定クリック率 $\hat{\rho}_{i,j}$ を大きめに見積もる対処法が提案されています [55]．

最近では広告主は，**広告オークション** (advertising auction, ad auction) の形態で PPC 広告を掲載することもできます．クリック 1 回の価値は広告によって違い，1 回のクリックに対して払ってもよい金額は広告ごとに異なるため，PPC 広告はオークション向きといえます．PPC 広告オークションでは各時刻 $t = 1, 2, \ldots, T$ に，各広告 $j \in \{1, 2, \ldots, K\}$ がクリックされた場合に支払ってよい金額 b_j^t を各広告主が提示し，広告配信会社がその金額と今までのクリック実績などから 1 つの広告 $i(t)$ を選択し，広告スペースに配信します．広告主は広告 j に対し，広告配信会社に広告代 p_j^t を実際に支払いますが，$p_j^t > 0$ となるのは $j = i(t)$ かつクリックされたときのみであり，配信されなかった広告 $j \neq i(t)$ に対しては支払いが発生しません．しかし，オークションの方式には色々あり，$p_{i(t)}^t = b_{i(t)}^t$ とは限りません．

時刻 t に広告 j がクリックされることの広告主にとっての価値 v_j^t は，b_j^t とは異なるかもしれません．それはほかの広告の提示金額が v_j^t よりかなり低いと予想される場合には，もっと低い額を b_j^t として提示しても落札できるからです．提示金額をそのまま支払わなければならない**第一価格オークション** (first-price auction) では，そのような正直ではない戦略を用いる余地が生じてしまいます．そこで，相手の腹を探り合うことなく，本当に支払ってよいと思っている金額を提示するのがベストな戦略となるような仕組みが考えられてきました．1番高い金額を提示した広告が選ばれるものの，2番目に高い提示金額を落札価格とする**第二価格オークション** (second-price auction)*1 は，そのような仕組みの1つです．

時刻 t に広告 j がクリックされたら $c_j^t = 1$，されなかったら $c_j^t = 0$ となる変数 c_j^t を考え，クリックされたかどうかの事象の列（クリック事象列）を $C = (c_j^t : j = 1, \ldots, K, t = 1, \ldots, T) \in \{0,1\}^{KT}$ で表します．また同様に，時刻 t に広告 j が配信された (1) か否 (0) かの事象列を $(x_j^t : j = 1, \ldots, K,\ t = 1, \ldots, T) \in \{0,1\}^{KT}$ で表します．すると広告 j の**効用** (utility) は，$\sum_{t=1}^T (v_j^t c_j^t x_j^t - p_j^t)$ と表せます．**クリック事象列 C に対して正直なオークション** (truthful auction for a click event sequence C) とは，クリック事象列が C であるとき，すべての時刻 t において，ほかの広告 $j (\neq i)$ の提示金額 b_j^t がいくらであれ，どの広告 i も $b_i^t = v_i^t$ が最適な（効用が最大となる）提示金額であるオークションのことをいいます．特に，すべてのクリック事象列 $C \in \{0,1\}^{KT}$ に対して正直なオークションのことを，**常に正直なオークション** (always truthful auction) といいます．

オークションの設計は，

1. 広告の提示金額 b_j^t $(j = 1, 2, \ldots, K)$，過去の配信広告 $i(s)$ $(s < t)$ およびクリックの履歴 $c_{i(s)}^s$ $(s < t)$ より，どのように配信広告 $i(t)$ を選択するか，
2. クリックされた場合の請求金額 $p_{i(t)}^t$ をいくらにするか，

---

*1 ヴィックリー・オークション (Vickrey auction) ともよばれます．

の 2 点を決めることです.「常に正直な」オークションにおいて，広告主から支払われる広告代合計の期待値 $\mathbb{E}_C\left[\sum_{t=1}^{T}\sum_{j=1}^{K}p_j^t\right]$ を最大にするにはどのように設計すればよいでしょうか.

アルゴリズム 10.2　正直なオークション型広告配信設計

パラメータ： $\tau > 0$

1: **for** $t = 1, 2, \ldots, K\lfloor\tau/K\rfloor$ **do**

(1) 各広告 j のクリック時の支払い金額 b_j^t が提示される.
(2) 広告 $i(t) = (t\%K + 1)$ を配信．ただし $t\%K$ は t を K で割った余りを表す．$c_j^t = 0$ $(j \neq i(t))$ に設定する.
(3) ページ閲覧者からのフィードバック $c_{i(t)}^t (= 1 \text{ or } 0)$ を受け取る.
(4) すべての広告 j に対し $p_j^t = 0$ 円請求する.

2: 各広告 j の推定クリック率 $\hat{\rho}_j$ およびその信頼上界 $\hat{\rho}_j^+$ を以下の式で求める.

$$\hat{\rho}_j = \sum_{t=1}^{\tau} c_j^t \Big/ \left\lfloor \frac{\tau}{K} \right\rfloor, \quad \hat{\rho}_j^+ = \hat{\rho}_j + \sqrt{2\left(\log\frac{K}{\delta}\right) \Big/ \left\lfloor\frac{\tau}{K}\right\rfloor}$$

3: **for** $t = K\lfloor\tau/K\rfloor + 1, \ldots, T$ **do**

(1) 各広告 j のクリック時の支払い金額 b_j^t が提示される.
(2) 広告 $i(t) = \arg\max_j \hat{\rho}_j^+ b_j^t$ を配信.
(3) ページ閲覧者からのフィードバック $c_{i(t)}^t (= 1 \text{ or } 0)$ を受け取る.
(4) $c_{i(t)}^t = 1$ であれば，広告 $i(t)$ に対し $p_{i(t)}^t = \frac{\mathrm{smax}_j \hat{\rho}_j^+ b_j^t}{\hat{\rho}_{i(t)}^+}$ 円，その他の広告 $j \neq i(t)$ に対し $p_j^t = 0$ 円請求する．$c_{i(t)}^t = 0$ であれば，すべての広告 j に対し $p_j^t = 0$ 円請求する．ただし $\mathrm{smax}_j \hat{\rho}_j^+ b_j^t$ は 2 番目に大きな $\hat{\rho}_j^+ b_j^t$ の値を表す.

もし各広告 j のクリック率 ρ_j がわかっていたら，時刻 t に広告 j を配信した場合に広告主から支払われる金額の期待値は $\rho_j b_j^t$ であるので，正直なオークションである第二価格オークションを行うことにより，期待値として $\sum_{t=1}^{T} \mathrm{smax}_j \rho_j b_j^t$ の収入を広告主から得ることができます．ただし，$\mathrm{smax}_j \rho_j b_j^t$ は，集合 $\{\rho_j b_j^t \mid j \in \{1,\ldots,K\}\}$ の中で 2 番目に大きな値を表すものとします．そこで，これを基準として以下のようなリグレット

$$\text{T-Regret} = \sum_{t=1}^{T} \mathrm{smax}_j \rho_j b_j^t - \mathbb{E}\left[\sum_{t=1}^{T}\sum_{j=1}^{K} p_j^t\right]$$

を考えます．**アルゴリズム 10.2** に示されたようにオークションを設計すると，T-Regret を以下のように抑えることができます [24]．

定理 10.1（常に正直な PPC オークションのリグレット上界）

アルゴリズム 10.2 に示された PPC オークションは常に正直なオークションであり，$\delta = 1/T$，$\tau = K^{1/3}T^{2/3}\sqrt{\log KT}$ に設定することにより

$$\text{T-Regret} = \mathrm{O}(b_{\max} K^{1/3} T^{2/3} \sqrt{\log KT})$$

を満たす．ただし，$b_{\max} = \max_{j,t} b_j^t$ とする．

T-Regret の下界に関しては $\Omega(T^{2/3})$ が証明されており，敵対的多腕バンディット問題の下界と比べて T に関して $\Theta(T^{1/6})$ だけ大きくなります．この増分をデバナーとカカデは**正直の値段** (price of truthfulness) とよんでいます [24]．

10.3 推薦システム

インターネットの普及により，電子商取引が盛んに行われるようになりました．各電子商取引サイトでは，登録制のサイトでなくても Cookie などを用いることによりユーザーの特定がある程度可能であるため，そのサイトにおけるそのユーザーの購買履歴や閲覧履歴に基づいて，各個人に合った商品な

どを推薦する**推薦システム** (recommender system) が盛んに用いられるようになりました．推薦システムは，**情報フィルタリング** (information filtering) とよばれる研究分野で扱われており，何の情報を用いるかにより，ユーザーの人口統計学的属性（性別，年令，居住地域，収入，職業，学歴など）を用いる**人口統計学的属性に基づくフィルタリング** (demographic filtering)，コンテンツ属性を用いる**内容に基づくフィルタリング** (content-based filtering)，閲覧履歴や購買履歴が似ているユーザーの評価値を用いる**協調フィルタリング** (collaborative filtering) に分類されます．

内容に基づくフィルタリングや，それに人口統計学的属性に基づくフィルタリングを組み合わせたハイブリット方式でよく用いられる方法は，ユーザー u のアイテム i に対する好みの度合い X_i（評価値，購買確率など）を，ユーザー属性，アイテム属性などからなる d 次元属性空間のベクトル $a_i(u)$ の誤差項 ϵ を含む線形関数モデル

$$X_i = \theta^\top a_i(u) + \epsilon \tag{10.1}$$

を用いて予測し，個々のユーザー u に対して予測値 X_i が大きなアイテム i を推薦するというものです．ここで θ はモデルパラメータであり，場合によってはユーザーごとやアイテムごとに推定しますが，7.2 節の説明でもあるように，ユーザー属性とアイテム属性の交互作用を考慮した属性を考えることにより，統一パラメータで表すことができます．

情報フィルタリングの性能は，訓練データを用いてパラメータをバッチ学習してつくられた予測器の，テストデータに対する推薦精度で測られるのが一般的ですが，重要なほかの性能指標として，新規ユーザーに対する初期段階の予測精度があげられます．これがなぜ重要なのかというと，新規ユーザーがその電子商取引サイトにアクセスし続けてくれるか否かの決定に大きく影響するからです．推薦に対する評価値などのフィードバックのみから学習する場合には，推薦をするユーザーに対してフィードバックによる情報量が最も多いアイテムを推薦するのが推薦精度を上げる近道ですが，そうするとその間の推薦精度がよくならないため，探索と知識利用のバランスをとったバンディット手法により推薦するのが有効です．

Yahoo! のリーらの 2010 年の論文 [50] では，パーソナライズされたニュース推薦システムにおいて，時刻 t にユーザー u_t がサービスを利用し，その

ユーザーにパーソナライズされたニュース $i(t)$ が推薦され，それに対する評価値 $X_{i(t)}$ がフィードバックされるというオンラインプロセスを考えました．そしてこのプロセスにおける推薦問題を，ユーザー u_t の属性とニュース j の属性から作られる属性ベクトル $a_j(u_t)$ の線形関数モデルを用いて評価値を予測する，文脈付きバンディット問題と捉え，LinUCB 方策を利用した推薦ニュースの選択法を提案しました．

リーらの提案において，もう 1 つの面白いところは，文脈付きバンディット問題の方策に対するオフラインの実験的性能評価法です．方策の効果を実験的に評価するには，厳密には，実際にその方策による推薦をオンラインで行う必要がありますが，それには大きなコストがかかります．違う方策でオンラインで推薦を行ったログデータはいくつか存在しており，それらのログデータを使ってオフラインで新しい戦略の評価ができればとても便利です．リーらは，属性ベクトルに依存せずに各時刻ランダムに推薦ニュースを選択する方策で推薦を行った結果のログファイルを使う，確率的バンディット問題における任意の方策 π のオフライン評価法として，**アルゴリズム 10.3** に示された **Policy_Evaluator** を用いる方法を提案しました．Policy_Evaluator では，任意の確率分布 D に従って，各時刻独立に文脈付き属性ベクトルと評価値のリスト $(a_1, \ldots, a_K, X_1, \ldots, X_K)$ が発生すると仮定します．ただし，各時刻 t に実際に推薦したニュースのみ評価値がわかるので，ログにとられている事象はすべての文脈付き属性ベクトル，推薦ニュースおよびその評価値のリスト $(a_1, \ldots, a_K, i(t), X_{i(t)})$ となります．任意の方策 π のオフライン評価において Policy_Evaluator が行っていることは単純で，ログの事象列において，方策 π による推薦と一致するまで事象をスキップするというものです．一様分布に従ってランダムに推薦ニュースを選択する方策でログファイルを取った場合には，どのような方策 π に対しても平均で K 回目に推薦が一致し，T 回の推薦の評価を平均 KT 事象のログで行うことができます．Policy_Evaluator は，方策の評価値として累積報酬を繰り返し回数で割った平均報酬を出力します．定理 10.2 にあるように，一様分布に従ってランダムに推薦ニュースを選択する方策で取られたログファイルに対し，Policy_Evaluator による評価は，オンラインによる評価と結果の分布が同じであることが証明されています．

アルゴリズム 10.3 Policy_Evaluator

入力： T:繰り返し回数, π:方策,
S:分布 D と一様分布に従ってランダムにニュースを選択する方策により各時刻独立に発生した事象列.

初期化： $h_0 \leftarrow \emptyset$, $C_{\pi,0} \leftarrow 0$

1: **for** $t = 1, 2, \ldots, T$ **do**

(1) **repeat**
$(a_1, \ldots, a_K, i(t), X_{i(t)}) \leftarrow S$ における次のイベント
until $\pi(h_{t-1}, (a_1, \ldots, a_K)) = i(t)$

(2) $h_t \leftarrow \mathrm{append}(h_{t-1}, (a_1, \ldots, a_K, i(t), X_{i(t)}))$
$C_{\pi,t} \leftarrow C_{\pi,t-1} + X_{i(t)}$

2: **return** $C_{\pi,T}/T$

定理 10.2 (Policy_Evaluator によるオフライン評価の有効性)

文脈付き属性ベクトルと評価値のリストの任意の分布 D, 任意の方策 π, 任意の繰り返し回数 T に対し, 任意の事象列 h_T に対して

$$\mathbb{P}_{\mathrm{Policy\_Evaluator}(T,\pi,S)}(h_T) = \mathbb{P}_{\pi,D}(h_T)$$

が成り立つ. ただし, S は分布 D と一様分布に従ってランダムにニュースを選択する方策により, 各時刻独立に発生した事象列とする.

協調フィルタリングにおいては, ユーザーやコンテンツの属性を必要としないため, 上で説明したような線形関数モデルによる予測を直接用いること

はできませんが，よく用いられる**行列分解** (matrix factorization) による方法は線形関数モデルと関係があります．行列分解による方法では，協調フィルタリングをユーザーのアイテムに対する評価値行列 M の欠損値を推定する問題として捉え，(i,j) 成分がユーザー i のアイテム j に対する評価値を表す欠損値のある $m \times n$ 行列 M を，$k \times m$ 行列 U の転置行列と $k \times n$ 行列 V の積 $U^\top V$ により，非欠損部分が近くなるように表現し，欠損部分の推定を行います．ただし，k はパラメータで m, n に対して十分小さい値とします．この方法は，ユーザー i のアイテム j に対する評価値 $M_{i,j}$ を，ユーザー i とアイテム j に対応する k 次元実数空間上の U_i ベクトル（行列 U の i 列ベクトル）と，V_j ベクトル（行列 V の j 列ベクトル）の誤差項 ϵ を含む内積で表現するモデル

$$M_{i,j} = U_i^\top V_j + \epsilon \tag{10.2}$$

を用いて予測する方法と考えることができます．U_i, V_j の一方を固定すると，式 (10.2) で表されるモデルは式 (10.1) の線形モデルと一致します．各アイテムに対する評価値の数は，各ユーザーに対する評価値の数より多くなりやすいので，ある程度データが溜まった状態で行列分解により V を推定し，固定した V_j を用いて線形バンディットの手法により各ユーザーに対する推薦アイテムを決めるという方式も，新規ユーザーに対して有効な推薦方式として提案されています [69]．式 (10.2) の ϵ が平均 0 の正規分布に従う，つまり $M_{i,j}$ が $\mathcal{N}(U_i^\top V_j, \sigma^2)$ に従うとし，U_i は事前分布 $\mathcal{N}(0, \sigma_U^2 I_k)$ に従うとして，固定した $V_j = \mathbf{v}_j$ を使って線形モデル上のトンプソン抽出（7.4.1 節参照）を使うことも可能です [69]．ただし，I_k は k 次元単位行列とします．その場合，U_i の事後分布もまた，以下のように計算される平均 $\mathbf{u}_i$，分散 $\Sigma_{U,i}$ の正規分布 $\mathcal{N}(\mathbf{u}_i, \Sigma_{U,i})$ になります．

$$\Sigma_{U,i} = \left(\frac{1}{\sigma^2} \sum_{(i,j)\in O} \mathbf{v}_j \mathbf{v}_j^\top + \frac{1}{\sigma_U^2} I_k \right)^{-1} \tag{10.3}$$

$$\mathbf{u}_i = \frac{1}{\sigma^2} \sum_{(i,j)\in O} M_{i,j} \mathbf{v}_j \tag{10.4}$$

ただし，O はすでに評価値が得られているユーザーとアイテムのペアの集合

とします．V_j も事前分布 $\mathcal{N}(0, \sigma_V^2 I_k)$ に従うと仮定して，行列 U, V の最大事後確率 (MAP) 推定値を求める問題を解く協調フィルタリング法は，**確率的行列分解** (probabilistic matrix factorization) 法とよばれています．その局所解を求める方法として，すべての j に対して $V_j = \mathbf{v}_j$ に固定して式 (10.4) を用いて $\mathbf{u}_i$ を計算し，その後すべての i に対して $U_i = \mathbf{u}_i$ に固定して同様にして $\mathbf{v}_j$ を求めるという操作を，収束するまで交互に繰り返す方法があります．そのように U_i, V_j の両方の事後分布の推定分布である正規分布を求めて，それらを用いた UCB 型の手法 [54] や，U_i と V_j の両方を確率的に抽出するトンプソン抽出法 [69] なども提案されています．

推薦を行う場合は，推薦アイテムのリストを表示することがよくありますが，表示したアイテムリストに対するユーザーの評価値の設定の仕方には，いくつかのバリエーションが考えられます．今，アイテムがクリックされたら 1 の報酬が得られ，クリックされなかったら報酬は 0 であるとし，リスト中の各々のアイテムがクリックされたか否かの情報が得られる場合，つまり半バンディット（9.4 節参照）の場合を考えます．このとき，リストに対する評価値の設定で，最も単純なものは個々のアイテムの評価値の和とするものですが，これは線形バンディットの特殊ケースである複数選択バンディット [65] の問題となります．しかし，リストとしての効果が足し算的に増えるというケースは実際にはまれであり，一般的には効果は和より小さくなります．例えば，1 つでもクリックされれば成功，それ以外は失敗とし，成功の場合は報酬 1，失敗の場合は報酬 0 という評価値を考えることができます．検索結果リストを 1 つもクリックしないことを**放棄** (abandonment) とよび，放棄回数を検索システムの性能指標として用いる場合がありますが，1 つでもクリックされれば報酬 1 という評価指標は累積で考えると放棄されなかった回数と同じ値になるので，放棄回数による評価指標と実質的に同じです．このような非線形な報酬関数は，線形な報酬関数の場合より難しい問題になります．

上の非線形な報酬関数の場合で，次のようなオンライン推薦問題を考えてみましょう．時刻 $t = 1, \ldots, T$ に，アイテムの集合 A_t を好きなユーザーがウェブサイトを訪問し，A_t を知らない推薦システムは k 個のアイテムからなる推薦リスト L_t を提示し，報酬 $F(L_t, A_t)$ を受け取るものとします．た

だし，$F(L, A)$ は L が A の要素を含んでいたら 1，そうでなかったら 0 の値をとる関数とします．推薦システムの目標は $\sum_{t=1}^{T} F(L_t, A_t)$ の最大化です．実は，この問題は $A_1, \ldots, A_T$ がすべて与えられたオフラインの設定でも難しい問題です．なぜならば，各々のアイテム i に対し $S_i = \{t \mid i \in A_t\}$ とすれば，$\sum_{t=1}^{T} F(L, A_t)$ が最大となる k 個からなるアイテムの集合 L を求める問題は，$\sum_{i \in L} S_i$ の要素数が最大になる k 要素の集合 L を求める**最大被覆問題** (maximum coverage problem) と等価であり，最大被覆問題は **NP 困難** (NP-hard) な問題として知られているからです．最大被覆問題の多項式時間アルゴリズムとしては，(1 − 1/e)-近似の貪欲アルゴリズムが知られており，その改善は難しいことがわかっています．したがって，多項式時間アルゴリズムで推薦アイテムを選ぶときの目標は，$\max_{L:|L|=k} \sum_{t=1}^{T} \mathbb{E}[F(L, A_t)]$ の (1 − 1/e) 倍の値となるので，以下で定義されるリグレット

$$\widetilde{\mathrm{Regret}}(T) = \left(1 - \frac{1}{\mathrm{e}}\right) \max_{L:|L|=k} \sum_{t=1}^{T} E[F(L, A_t)] - \sum_{t=1}^{T} \mathbb{E}[F(L_t, A_t)]$$

で評価するのが妥当です．ただし $|L|$ は L の要素数を表すものとします．

アルゴリズム 10.4 に示されたラドリンスキーらが開発した**順位付きバンディットアルゴリズム** (ranked bandit algorithm) は，k 位までの推薦アイテムからなるリストを，上から順に別々の敵対的多腕バンディット問題を解くアルゴリズムを用いて決定し，クリックされたアイテムのうち最も高い順位のアイテムを選んだアルゴリズムの報酬のみ 1 として更新し，ほかの順位のアイテムを選んだアルゴリズムの報酬はすべて 0 として更新することを繰り返すアルゴリズムです [57]．リグレット $R(T)$ であるような敵対的多腕バンディット問題を解くアルゴリズムを k 個用いて順位付きバンディットアルゴリズムを動かしたとき，

$$\widetilde{\mathrm{Regret}}(T) \leq kR(T)$$

が成り立つことが証明されています．

アルゴリズム 10.4 順位付きバンディットアルゴリズム

パラメータ： $\mathrm{MAB}_1, \ldots, \mathrm{MAB}_k$: 敵対的多腕バンディット問題を解くアルゴリズム

初期化： $\mathrm{MAB}_1, \ldots, \mathrm{MAB}_k$

各時刻 $t = 1, \ldots, T$ において以下のことを繰り返す．

1: **for** $i = 1, 2, \ldots, k$ **do**

(1) $\hat{I}_i(t) \leftarrow \mathrm{MAB}_i$の選択したアイテム

(2) **if** $\hat{I}_i(t) \in \{I_1(t), \ldots, I_{i-1}(t)\}$ **then**

$I_i(t) \leftarrow \{I_1(t), \ldots, I_{i-1}(t)\}$ 以外の任意のアイテム

else $I_i(t) \leftarrow \hat{I}_i(t)$

2: アイテム $I_1(t), \ldots, I_k(t)$ を推薦リストとして表示

3: **for** $i = 1, 2, \ldots, k$ **do**

(1) **if** アイテム $I_i(t)$ がクリックされ，かつ $I_i(t) = \hat{I}_i(t)$ **then**

$X^i_{\hat{I}_i(t)}(t) \leftarrow 1$

else $X^i_{\hat{I}_i(t)}(t) \leftarrow 0$

(2) MAB_i に報酬 $X^i_{\hat{I}_i(t)}(t)$ を通知して更新

Appendix 

逆行列の更新

線形モデルあるいはガウス過程上のバンディット問題では，推定量の計算などにおいて

$$A_t = A_0 + \sum_{s=1}^{t} BCB^\top$$

という形の行列の逆行列が各 t についてしばしば必要となります．この場合に逆行列 A_t^{-1} を A_t から毎回計算するのは非効率的であり，A_{t-1}^{-1} を用いて直接 A_t^{-1} を計算する方法として，シャーマン・モリソン・ウッドベリー (Sherman-Morrison-Woodbury) の公式または単に**ウッドベリーの公式** (Woodbury formula) が知られています．以下では，現れる逆行列はすべて存在するものと仮定します．

定理 A.1（ウッドベリーの公式）

A, B, C をそれぞれ $d \times d$, $d \times e$, $e \times e$ 行列とするとき

$$(A + BCB^\top)^{-1} = A^{-1} - A^{-1}B(C^{-1} + B^\top A^{-1}B)^{-1}B^\top A^{-1}. \tag{A.1}$$

特に，d 次元ベクトル b に対して

$$(A + bb^\top)^{-1} = A^{-1} - \frac{A^{-1}bb^\top A^{-1}}{1 + b^\top A^{-1}b}. \tag{A.2}$$

これは以下の補題から導かれ，またこの補題自体も有用となります．

補題 A.2（ブロック行列の逆行列）

A, B, C をそれぞれ $d \times d$, $d \times e$, $e \times e$ 行列とするとき

$$\begin{pmatrix} A & B \\ B^\top & C \end{pmatrix}^{-1} = \begin{pmatrix} A^{-1} + A^{-1}BS^{-1}B^\top A^{-1} & -A^{-1}BS^{-1} \\ -S^{-1}B^\top A^{-1} & S^{-1} \end{pmatrix}. \tag{A.3}$$

ただし S はシューア (Schur) の補行列であり，$S = C - B^\top A^{-1}B$ と表される．特に，d 次元ベクトル b に対して $s = c - b^\top A^{-1}b$ とすると

$$\begin{pmatrix} A & b \\ b^\top & c \end{pmatrix}^{-1} = \frac{1}{s}\begin{pmatrix} sA^{-1} + A^{-1}bb^\top A^{-1} & -A^{-1}b \\ -b^\top A^{-1} & 1 \end{pmatrix}. \tag{A.4}$$

Appendix 

ベータ分布の裾確率

本節では補題 4.2 の証明を通じて，裾確率を指数関数の形で評価する方法について紹介します．なお，補題 4.2 の設定のようにベータ分布のパラメータ α, β がそれぞれ自然数の場合には，**ベータ・二項変換** (beta-binomial transform) とよばれる手法によりベータ分布に関する確率を二項分布に関する確率に置き換えることでも確率評価が可能ですが [40]，ここでは一般のパラメータあるいはほかの指数型分布族（例えば分散未知の正規分布 [35]）に対しても応用可能な評価法として部分積分を用いる方法を紹介します．

補題 4.2 の証明. まず式 (4.9) を示す．ベータ関数とガンマ関数の関係 $\mathrm{B}(\alpha,\beta)=\Gamma(\alpha)\Gamma(\beta)/\Gamma(\alpha+\beta)$ を用いると，$x^{n\mu}(1-x)^{n(1-\mu)} = x^{n\mu}\cdot\frac{\mathrm{d}}{\mathrm{d}x}\frac{-(1-x)^{n(1-\mu)+1}}{n(1-\mu)+1}$ に対して部分積分を適用することにより

$$
\begin{aligned}
\mathbb{P}[X\ge a] &= \frac{1}{\mathrm{B}(1+n\mu,1+n(1-\mu))}\int_a^1 x^{n\mu}(1-x)^{n(1-\mu)}\mathrm{d}x \\
&= \frac{\Gamma(2+n)}{\Gamma(1+n\mu)\Gamma(1+n(1-\mu))}\Biggl(\left[x^{n\mu}\left(-\frac{(1-x)^{n(1-\mu)+1}}{n(1-\mu)+1}\right)\right]_a^1 \\
&\qquad\qquad + \frac{n\mu}{n(1-\mu)+1}\int_a^1 x^{n\mu-1}(1-x)^{n(1-\mu)+1}\mathrm{d}x\Biggr) \\
&\ge \frac{\Gamma(2+n)}{\Gamma(1+n\mu)\Gamma(1+n(1-\mu))}\cdot a^{n\mu}\frac{(1-a)^{n(1-\mu)+1}}{n(1-\mu)+1} \\
&= \frac{(1-a)\Gamma(2+n)}{\Gamma(1+n\mu)\Gamma(2+n(1-\mu))}\cdot a^{n\mu}(1-a)^{n(1-\mu)}
\end{aligned}
$$

が得られる．ここでガンマ関数の性質 $z\Gamma(z)=\Gamma(z+1)$ を用いた．

ここで任意の $x>0$ および $n\ge 1$ に対して

$$\left(1+\frac{x}{n}\right)^n \leq \mathrm{e}^x$$

が成り立つこと，および $z \geq 1$ に対するスターリングの公式 (Stirling's formula)[56]

$$\sqrt{2\pi} \leq \frac{\Gamma(z)}{z^{z-1/2}\mathrm{e}^{-z}} \leq \sqrt{2\pi}\mathrm{e}^{1/12}$$

を用いると，

$$\begin{aligned}
\mathbb{P}[X \geq a] &\geq \frac{(1-a)\Gamma(2+n)}{\Gamma(1+n\mu)\Gamma(2+n(1-\mu))} \cdot a^{n\mu}(1-a)^{n(1-\mu)} \\
&\geq \frac{(1-a)\mathrm{e}^{5/6}}{\sqrt{2\pi}} \frac{(n+2)^{n+3/2} \cdot a^{n\mu}(1-a)^{n(1-\mu)}}{(n\mu+1)^{n\mu+1/2}(n(1-\mu)+2)^{n(1-\mu)+3/2}} \\
&\geq \frac{(1-a)\mathrm{e}^{5/6}}{\sqrt{2\pi}} \sqrt{\frac{(n+2)^3}{(n\mu+1)(n(1-\mu)+2)^3}} \\
&\qquad \cdot \frac{\mathrm{e}^{-nd(\mu,a)}}{\left(1+\frac{1}{n\mu}\right)^{n\mu}\left(1+\frac{2}{n(1-\mu)}\right)^{n(1-\mu)}} \\
&\geq \frac{(1-a)\mathrm{e}^{5/6}}{\sqrt{2\pi}} \sqrt{\frac{1}{2n}}\mathrm{e}^{-3}\mathrm{e}^{-nd(\mu,a)} \\
&\geq \frac{1-a}{31\sqrt{n}} \cdot \mathrm{e}^{-nd(\mu,a)} \qquad \text{(B.1)}
\end{aligned}$$

が得られる．

次に式 (4.10) を示す．$a < \mu$ のとき

$$\begin{aligned}
\mathbb{P}[X \geq a] &= \frac{\Gamma(2+n)}{\Gamma(1+n\mu)\Gamma(1+n(1-\mu))} \int_a^1 x^{n\mu}(1-x)^{n(1-\mu)}\mathrm{d}x \\
&\geq \frac{\Gamma(2+n)}{\Gamma(1+n\mu)\Gamma(1+n(1-\mu))} \int_a^{\mu} x^{n\mu}(1-\mu)^{n(1-\mu)}\mathrm{d}x \\
&= \frac{\Gamma(2+n)}{\Gamma(2+n\mu)\Gamma(1+n(1-\mu))}(\mu^{n\mu+1} - a^{n\mu+1})(1-\mu)^{n(1-\mu)} \\
&\geq \frac{\Gamma(2+n)}{\Gamma(2+n\mu)\Gamma(1+n(1-\mu))}\mu^{n\mu}(\mu-a)(1-\mu)^{n(1-\mu)}
\end{aligned}$$

であり，式 (B.1) と同様に，スターリングの公式を用いると

$$\mathbb{P}[X \geq a] \geq \frac{\mu - a}{\sqrt{2\pi}\mathrm{e}^{13/6}}\sqrt{\frac{(n+2)^3}{(n\mu+2)^3(n(1-\mu)+1)}} \geq \frac{\mu - a}{31\sqrt{n}}$$

が得られる.

最後に式 (4.11) を示す.

$$x^{n\mu}(1-x)^{n(1-\mu)} = \frac{1}{\frac{n\mu}{x} - \frac{n(1-\mu)}{1-x}} \cdot \frac{\mathrm{d}}{\mathrm{d}x} x^{n\mu}(1-x)^{n(1-\mu)}$$

に対して部分積分を適用すると

$$\begin{aligned}
&\mathbb{P}[X \geq a] \\
&= \frac{1}{\mathrm{B}(1+n\mu, 1+n(1-\mu))}\int_a^1 x^{n\mu}(1-x)^{n(1-\mu)}\mathrm{d}x \\
&= \frac{1}{\mathrm{B}(1+n\mu, 1+n(1-\mu))}\left(\left[\frac{1}{\frac{n\mu}{x} - \frac{n(1-\mu)}{1-x}} \cdot x^{n\mu}(1-x)^{n(1-\mu)}\right]_a^1\right. \\
&\qquad\qquad \left. - \int_a^1 \frac{\frac{n\mu}{x^2} + \frac{n(1-\mu)}{(1-x)^2}}{\left(\frac{n\mu}{x} - \frac{n(1-\mu)}{1-x}\right)^2} \cdot x^{n\mu}(1-x)^{n(1-\mu)}\mathrm{d}x\right) \\
&\leq \frac{1}{\mathrm{B}(1+n\mu, 1+n(1-\mu))} \frac{1}{\frac{n(1-\mu)}{1-a} - \frac{n\mu}{a}} \cdot a^{n\mu}(1-a)^{n(1-\mu)} \\
&= \frac{\Gamma(2+n)}{\Gamma(1+n\mu)\Gamma(1+n(1-\mu))} \cdot \frac{a(1-a)}{n(a-\mu)} a^{n\mu}(1-a)^{n(1-\mu)}
\end{aligned}$$

が得られ，式 (B.1) と同様にスターリングの公式を用いると

$$\begin{aligned}
\mathbb{P}[X \geq a] &\leq \frac{a(1-a)\mathrm{e}^{1/12}}{n(a-\mu)\sqrt{2\pi}}\sqrt{\frac{(n+2)^3}{(n\mu+1)(n(1-\mu)+1)}} \\
&\qquad \cdot \frac{(n+2)^n}{(n\mu)^{n\mu}(n(1-\mu))^{n(1-\mu)}} a^{n\mu}(1-a)^{n(1-\mu)} \\
&\leq \frac{a(1-a)\mathrm{e}^{1/12}}{n(a-\mu)\sqrt{2\pi}}\sqrt{\frac{27n^3}{n(1-\mu)}}\mathrm{e}^2\mathrm{e}^{-nd(\mu,a)} \\
&\leq \frac{a\mathrm{e}^{25/12}}{(a-\mu)\sqrt{2\pi}}\sqrt{27(1-a)}\mathrm{e}^{-nd(\mu,a)} \quad (\because 1-a < 1-\mu)
\end{aligned}$$

$$
\begin{aligned}
&\le \frac{\mathrm{e}^{25/12}}{5(a-\mu)}\sqrt{\frac{54}{\pi}}\mathrm{e}^{-nd(\mu,a)} && (\because a\sqrt{1-a} \le 2/5) \\
&\le \frac{7}{a-\mu}\mathrm{e}^{-nd(\mu,a)}
\end{aligned}
$$

が得られる. □

Bibliography

参考文献

以降では国際会議の略称として次のものを用います.
AAAI: AAAI Conference on Artificial Intelligence, AISTATS: International Conference on Artificial Intelligence and Statistics, ALT: International Conference on Algorithmic Learning Theory, COLT: Conference on Learning Theory, FOCS: Annual Symposium on Foundations of Computer Science, ICML: International Conference on Machine Learning, NIPS: Annual Conference on Neural Processing Systems.

[1] R. J. Adler and J. E. Taylor. *Random Fields and Geometry*. Springer, 2007.

[2] S. Agrawal and N. Goyal. Further optimal regret bounds for Thompson sampling. In *AISTATS'13*, pp. 99–107, 2013.

[3] S. Agrawal and N. Goyal. Thompson sampling for contextual bandits with linear payoffs. In *ICML'13*, pp. 127–135, 2013.

[4] J.-Y. Audibert and S. Bubeck. Minimax policies for adversarial and stochastic bandits. In *COLT'09*, 2009.

[5] J.-Y. Audibert, S. Bubeck, and R. Munos. Best arm identification in multi-armed bandits. In *COLT'10*, pp. 41–53, 2010.

[6] P. Auer, N. Cesa-Bianchi, and P. Fischer. Finite-time analysis of the multiarmed bandit problem. *Machine Learning*, Vol. 47, pp. 235–256, 2002.

[7] P. Auer, N. Cesa-Bianchi, Y. Freund, and R. E. Schapire. Gambling in a rigged casino: The adversarial multi-arm bandit problem. In *FOCS'95*, pp. 322–331, 1995.

[8] P. Auer, N. Cesa-Bianchi, Y. Freund, and R. E. Schapire. The non-

stochastic multiarmed bandit problem. *SIAM Journal on Computing*, Vol. 32, No. 1, pp. 48–77, 2002.

[9] G. Bartók, D. Pál, and C. Szepesvári. Minimax regret of finite partial-monitoring games in stochastic environments. In *COLT'11*, pp. 133–154, 2011.

[10] R. N. Bradt, S. M. Johnson, and S. Karlin. On sequential designs for maximizing the sum of n observations. *The Annals of Mathematical Statistics*, Vol. 27, No. 4, pp. 1060–1074, 1956.

[11] B. Brügmann. Monte Carlo Go, 1993.

[12] A. D. Bull. Convergence rates of efficient global optimization algorithms. *Journal of Machine Learning Research*, Vol. 12, pp. 2879–2904, 2011.

[13] A. N. Burnetas and M. N. Katehakis. Optimal adaptive policies for sequential allocation problems. *Advances in Applied Mathematics*, Vol. 17, No. 2, pp. 122–142, 1996.

[14] O. Cappé, A. Garivier, O.-A. Maillard, R. Munos, and G. Stoltz. Kullback-Leibler upper confidence bounds for optimal sequential allocation. *Annals of Statistics*, Vol. 41, No. 3, pp. 1516–1541, 2013.

[15] N. Cesa-Bianchi, Y. Freund, D. Haussler, D. P. Helmbold, R. E. Schapire, and M. K. Warmuth. How to use expert advice. *Journal of the ACM*, Vol. 44, No. 3, pp. 427–485, 1997.

[16] N. Cesa-Bianchi and G. Lugosi. Combinatorial bandits. *Journal of Computer and System Sciences*, Vol. 78, No. 5, pp. 1404–1422, 2012.

[17] N. Cesa-Bianchi, G. Lugosi, and G. Stoltz. Regret minimization under partial monitoring. *Mathematics of Operations Research*, Vol. 31, pp. 562–580, 2006.

[18] D. Chakrabarti, R. Kumar, F. Radlinski, and E. Upfal. Mortal multi-armed bandits. In *NIPS'08*, pp. 273–280. 2009.

[19] W. Chu, L. Li, L. Reyzin, and R. E. Schapire. Contextual bandits with linear payoff functions. In *AISTATS'11*, pp. 208–214, 2011.

[20] R. Coulom. Crazystone. `http://www.remi-coulom.fr/CrazyStone/`, 2005.

[21] T. M. Cover, J. A.Thomas（著）, 山本博資, 古賀弘樹, 有村光晴, 岩本貢（訳）. 情報理論—基礎と広がり. 共立出版, 2012.

[22] V. Dani, T. P. Hayes, and S. M. Kakade. Stochastic linear optimization under bandit feedback. In *COLT'08*, pp. 355–366, 2008.

[23] A. Dembo and O. Zeitouni. *Large Deviations Techniques and Applications*. Springer-Verlag, New York, 2nd edition, 1998.

[24] N. R. Devanur and S. M. Kakade. The price of truthfulness for pay-per-click auctions. In *10th ACM Conference on Electronic Commerce (EC'09)*, pp. 99–106, 2009.

[25] W. Ding, T. Qin, X.-D. Zhang, and T.-Y. Liu. Multi-armed bandit with budget constraint and variable costs. In *AAAI'13*, 2013.

[26] M. Dudík, K. Hofmann, R. E. Schapire, A. Slivkins, and M. Zoghi. Contextual dueling bandits. In *COLT'15*, pp. 563–587, 2015.

[27] N. de Freitas, A. J. Smola, and M. Zoghi. Exponential regret bounds for Gaussian process bandits with deterministic observations. In *ICML'12*, pp. 1743–1750, 2012.

[28] Y. Freund and R. E. Schapire. A decision-theoretic generalization of on-line learning and an application to boosting. *Journal of Computer and System Sciences*, Vol. 55, No. 1, pp. 119–139, 1997.

[29] V. Gabillon, M. Ghavamzadeh, and A. Lazaric. Best arm identification: A unified approach to fixed budget and fixed confidence. In *NIPS'12*, pp. 3212–3220. 2012.

[30] A. Garivier and E. Moulines. On upper-confidence bound policies for switching bandit problems. In *ALT'11*, pp. 174–188, 2011.

[31] J. C. Gittins and D. M. Jones. A dynamic allocation index for the sequential design of experiments. In *Progress in Statistics*, pp. 241–266. North-Holland, Amsterdam, NL, 1974.

[32] A. Gopalan, S. Mannor, and Y. Mansour. Thompson sampling for complex online problems. In *ICML'14*, pp. 100–108, 2014.

[33] S. Grünewälder, J.-Y. Audibert, M. Opper, and J. Shawe-Taylor. Regret bounds for Gaussian process bandit problems. In *AISTATS'10*, pp. 273–280, 2010.

[34] J. Honda and A. Takemura. An asymptotically optimal bandit algorithm for bounded support models. In *COLT'10*, pp. 67–79, 2010.

[35] J. Honda and A. Takemura. Optimality of Thompson sampling for gaussian bandits depends on priors. In *AISTATS'14*, pp. 375–383, 2014.

[36] J. Honda and A. Takemura. Non-asymptotic analysis of a new bandit algorithm for semi-bounded rewards. *Journal of Machine Learning Research*, Vol. 16, pp. 3721–3756, 2015.

[37] S. Kalyanakrishnan, A. Tewari, P. Auer, and P. Stone. PAC subset selection in stochastic multi-armed bandits. In *ICML'12*, pp. 655–662, 2012.

[38] E. Kaufmann, O. Cappé, and A. Garivier. On the complexity of best arm identification in multi-armed bandit models. arXiv:1407.4443, 2014.

[39] E. Kaufmann and S. Kalyanakrishnan. Information complexity in bandit subset selection. In *COLT'13*, pp. 228–251, 2013.

[40] E. Kaufmann, N. Korda, and R. Munos. Thompson sampling: an

asymptotically optimal finite-time analysis. In *ALT'12*, pp. 199–213, 2012.

[41] K. Kawaguchi, L. P. Kaelbling, and T. Lozano-Pérez. Bayesian optimization with exponential convergence. In *NIPS'15*, pp. 2791–2799, 2015.

[42] R. D. Kleinberg and F. T. Leighton. The value of knowing a demand curve: Bounds on regret for online posted-price auctions. In *FOCS'03*, pp. 594–605, 2003.

[43] R. D. Kleinberg, A. Niculescu-mizil, and Y. Sharma. Regret bounds for sleeping experts and bandits. In *COLT'08*, pp. 425–436, 2008.

[44] L. Kocsis and C. Szepesvári. Bandit based monte-carlo planning. In *17th European Conference on Machine Learning (ECML'06)*, pp. 282–293, 2006.

[45] J. Komiyama, J. Honda, H. Kashima, and H. Nakagawa. Regret lower bound and optimal algorithm in dueling bandit problem. In *COLT'15*, pp. 1141–1154, 2015.

[46] J. Komiyama, J. Honda, and H. Nakagawa. Optimal regret analysis of thompson sampling in stochastic multi-armed bandit problem with multiple plays. In *ICML'15*, pp. 1152–1161, 2015.

[47] J. Komiyama, J. Honda, and H. Nakagawa. Regret lower bound and optimal algorithm in finite stochastic partial monitoring. In *NIPS'15*, pp. 1783–1791. 2015.

[48] T. L. Lai and H. Robbins. Asymptotically efficient adaptive allocation rules. *Advances in Applied Mathematics*, Vol. 6, pp. 4–22, 1985.

[49] T. Lattimore. Optimally confident UCB : Improved regret for finite-armed bandits. arXiv:1507.07880, 2015.

[50] L. Li, W. Chu, J. Langford, and R. E. Schapire. A contextual-

bandit approach to personalized news article recommendation. In *19th International Conference on World Wide Web (WWW '10)*, pp. 661–670, 2010.

[51] T.-T. Long, A. C. Chapman, E. M. de Cote, A. Rogers, and N. R. Jennings. Epsilon-first policies for budget-limited multi-armed bandits. In *AAAI'10*, pp. 1211–1216, 2010.

[52] S. Mannor and J. N. Tsitsiklis. The sample complexity of exploration in the multi-armed bandit problem. *Journal of Machine Learning Research*, Vol. 5, pp. 623–648, 2004.

[53] R. Munos. Optimistic optimization of a deterministic function without the knowledge of its smoothness. In *NIPS'11*, pp. 783–791. 2011.

[54] A. Nakamura. A UCB-like strategy of collaborative filtering. In *6th Asian Conference on Machine Learning (ACML'14)*, pp. 315–329, 2014.

[55] A. Nakamura and N. Abe. Improvements to the linear programming based scheduling of web advertisements. *Electronic Commerce Research*, Vol. 5, No. 1, pp. 75–98, 2005.

[56] F. W. Olver, D. W. Lozier, R. F. Boisvert, and C. W. Clark. *NIST Handbook of Mathematical Functions.* Cambridge University Press, New York, 1st edition, 2010.

[57] F. Radlinski, R. Kleinberg, and T. Joachims. Learning diverse rankings with multi-armed bandits. In *ICML'08*, pp. 784–791, 2008.

[58] C. E. Rasmussen and C. K. I. Williams. *Gaussian Processes for Machine Learning.* MIT Press, 2006.

[59] H. Robbins. Some aspects of the sequential design of experiments. *Bulletin of the American Mathematical Society*, Vol. 58, No. 5, pp. 527–535, 1952.

[60] S. L. Scott. Multi-armed bandit experiments in the online service economy. *Applied Stochastic Models in Business and Industry*, Vol. 31, pp. 37–45, 2015.

[61] J. Snoek, H. Larochelle, and R. P. Adams. Practical Bayesian optimization of machine learning algorithms. In *NIPS'12*, pp. 2951–2959, 2012.

[62] N. Srinivas, A. Krause, S. M. Kakade, and M. Seeger. Information-theoretic regret bounds for gaussian process optimization in the bandit setting. *IEEE Transactions on Information Theory*, Vol. 58, No. 5, pp. 3250–3265, 2012.

[63] R. S. Sutton and A. G. Barto. *Introduction to Reinforcement Learning*. MIT Press, Cambridge, MA, USA, 1st edition, 1998.

[64] W. R. Thompson. On the likelihood that one unknown probability exceeds another in view of the evidence of two samples. *Biometrika*, Vol. 25, pp. 285–294, 1933.

[65] T. Uchiya, A. Nakamura, and M. Kudo. Algorithms for adversarial bandit problems with multiple plays. In *ALT'10*, pp. 375–389, 2010.

[66] H. P. Vanchinathan, G. Bartók, and A. Krause. Efficient partial monitoring with prior information. In *NIPS'14*, pp. 1691–1699. 2014.

[67] Z. Wang, B. Shakibi, L. Jin, and N. de Freitas. Bayesian multi-scale optimistic optimization. In *AISTATS'14*, pp. 1005–1014, 2014.

[68] P. Whittle. Restless Bandits: Activity allocation in a changing world. *Journal of Applied Probability*, Vol. 25, pp. 287–298, 1988.

[69] X. Zhao, W. Zhang, and J. Wang. Interactive collaborative filtering. In *22nd ACM International Conference on Information and Knowledge Management (CIKM'13)*, pp. 1411–1420, 2013.

[70] 海野裕也, 岡野原大輔, 得居誠也, 徳永拓之. オンライン機械学習（機械学習プロフェッショナルシリーズ）. 講談社, 2015.

[71] 金森敬文. 統計的学習理論（機械学習プロフェッショナルシリーズ）. 講談社, 2015.

[72] 鈴木大慈. 確率的最適化（機械学習プロフェッショナルシリーズ）. 講談社, 2015.

索　引

さ行

た行

な行

は行

ま行

や行

ら行

わ行

著者紹介

本多淳也　博士（科学）
2013年　東京大学大学院新領域創成科学研究科博士課程修了
現　在　京都大学大学院情報学研究科 准教授
　　　　理化学研究所 革新知能統合研究センター 客員研究員

中村篤祥　博士（理学）
1988年　東京工業大学大学院理工学研究科修士課程修了
同　年　日本電気株式会社 入社
2000年　東京工業大学にて，博士（理学）を取得
2002年　北海道大学大学院工学研究科 助教授
現　在　北海道大学大学院情報科学研究院 教授

NDC007　218p　21cm

機械学習プロフェッショナルシリーズ
バンディット問題の理論とアルゴリズム

2016年8月24日　第1刷発行
2023年6月15日　第4刷発行

著　者　本多淳也・中村篤祥
発行者　髙橋明男
発行所　株式会社　講談社
　　　　〒112-8001　東京都文京区音羽 2-12-21
　　　　　販売　(03)5395-4415
　　　　　業務　(03)5395-3615
KODANSHA
編　集　株式会社　講談社サイエンティフィク
　　　　代表　堀越俊一
　　　　〒162-0825　東京都新宿区神楽坂 2-14　ノービィビル
　　　　　編集　(03)3235-3701
本文データ制作　藤原印刷株式会社
印刷・製本　株式会社ＫＰＳプロダクツ

ISBN 978-4-06-152917-5